W0195241

OSTSEEGLÜCK

STEPHANIE EDEN

OSTSEEGLÜCK

MEIN NEUBEGINN
ZWISCHEN BIENENSTÖCKEN
UND RAPSFELDERN

Eden
BOOKS

Bei den Figuren in diesem Buch handelt es sich um reale Personen. Die Autorin erzählt deren Handlungen, Aussagen und Motive nach bestem Wissen und Gewissen nach. Die Dialoge sind den tatsächlich stattgefundenen Gesprächen nachempfunden und geben nicht eins zu eins die Aussagen der tatsächlichen Personen wieder.

INHALTSVERZEICHNIS

Mit Bienenwachs und Baumwolle gegen den Plastikwahnsinn

Warum Plastikmüll eines der größten ökologischen Probleme unserer Zeit ist und wie ich eine sinnvolle sowie sinnliche Alternative finde

Bewusster Genuss

Wie gutes Essen, nachhaltige Lebensmittelproduktion und die Erziehung zu bewusstem Genuss zusammenhängen und warum ein Übermaß an industriell verarbeitetem Zucker auch den Bienen schadet

Das Insektensterben und die Bienenkrise

Warum die Honigbiene ein unschlagbarer Indikator für funktionierende Ökosysteme ist und wir den Wert guter Lebensmittel neu schätzen lernen müssen

Das Bienenjahr verklingt

Wie mich die Imkerei verändert hat und mich das Eingebundensein in den Kreislauf der Bienen ruhiger und zufriedener macht

Alles neu

Wie die Bienen meinen Blick auf das kleine Glück lenken und mir zeigen, dass es im Leben darum geht, Veränderungen anzunehmen und das Beste daraus zu machen

Für Irmgard

VORWORT

Wir müssen das, was wir denken, auch sagen.
Wir müssen das, was wir sagen, auch tun.
Und wir müssen das, was wir tun, dann auch sein.
Alfred Herrhausen

Fasziniert beobachte ich, wie der frische Honig, den ich erst am frühen Morgen meinen Bienenvölkern entnommen habe, goldglitzernd durch das Sieb in den Eimer fließt. Wenige Sekunden zuvor war der Raum noch vom lauten metallischen Surren der Honigschleuder erfüllt gewesen. Dann hatte ich, aufgeregt und etwas unsicher, den glänzenden Hahn der funkelnagelneuen Schleuder geöffnet. Und nun betrachten wir wortlos und nahezu ehrfürchtig das Ergebnis wochenlanger Arbeit. Das einzige Geräusch, das jetzt in meiner kleinen Honigmanufaktur zu vernehmen ist, kann ich mit nichts, was ich je zuvor gehört habe, vergleichen. Es ist das satte, langsame und zufriedene Falten meines eigenen Honigs.

Mein Mann und ich wissen bei diesem Anblick um die vielen Mühen der Sammlerbienen, die Tropfen für Tropfen des leuchtenden Honigs eingebracht haben. Und um unsere Sorgen in den vergangenen Wochen. Denn unerbittlich hatte es Tag und Nacht in meinem Hinterkopf gehämmert: Wird das Wetter an der Ostseeküste in diesem Frühjahr mitspielen? Können sich meine Völker in den Holzzargen rechtzeitig entwickeln, sodass genügend Sammlerbienen geschlüpft und bereit sind, wenn der Raps blüht? Schaffe ich es, den einen richtigen Zeitpunkt für die Ernte und das Rühren zu wählen, sodass es ein perfekter Honig wird? Es gibt so viele Fragezeichen und so wenig Gewissheit in der Imkerei. Aber genau diese Herausforderung hatte ich gesucht, und sie war einer der Gründe gewesen, etwas Neues zu beginnen und meine kleine Honigmanufaktur zu gründen.

Beim Kosten mit geschlossenen Augen wird aus unserer ersten vorsichtigen Ahnung schließlich Gewissheit: Meine Bienen haben einen wundervollen Honig mit kräftigem Aroma und intensivem Duft eingetragen, der nicht zu süß ist. Dieser Honig leuchtet wie eine Frühlingsblütenwiese im Sonnenschein – und er schmeckt auch so!

In den vergangenen Monaten war ich immer wieder hin- und hergerissen gewesen zwischen der Freude über das, was ich bereits erreicht hatte, und der nahezu überwältigenden Sorge, ob dieser Neustart in meinem Leben tatsächlich die richtige Entscheidung war. Mein Plan, eine kleine Honigmanufaktur zu gründen und den Honig aus meiner nachhaltigen und bienenfreundlichen Imkerei zu verkaufen, hatte seinen Beginn mit zwei Bienenvölkern in unserem Garten genommen, ist Stück für Stück über Jahre gereift und nun Wirklichkeit geworden.

Ich blicke von der Honigschleuder auf, neben die ich mich in meiner Anspannung gekniet hatte, um meiner Honigernte noch ein Stückchen näher zu sein, und schaue meinen Mann an. In seinem Blick spiegelt sich all das, was ich selbst gerade empfinde: jede Menge Glück, ein wenig Stolz und zugegebenermaßen auch eine Portion Erleichterung. Ich spüre, dass sich all die Anstrengungen der vergangenen Monate gelohnt haben. Ich habe tatsächlich einen Neuanfang in meinem Leben gewagt und meine Ängste und Zweifel überwunden.

Nun weiß ich, dass mein Weg der richtige ist. Meine Sehnsucht, an etwas Echtem zu arbeiten und nicht länger, wie in meinem bisherigen Schreibtischjob, an einer belanglosen Oberfläche zu kratzen, hat sich erfüllt. Die Zuversicht wächst, dass ich für die Herausforderungen, die noch vor mir liegen, gewappnet bin.

Irgendwann nach langen, zermürbenden Jahren im Büro war ich wie viele andere Menschen an einem Punkt im Leben angelangt, an dem mir klar wurde: Entweder ich richte mich in meinem bequemen Job ein, werfe die nagenden Fragen über Sinnhaftigkeit, Werte und Lebensziele über Bord, mache einfach meine Arbeit und schaue in dreißig Jahren in den Spiegel, um festzustellen, dass das Leben an mir vorbeigerauscht ist. Oder ich krempele mein Leben radikal um und wage etwas Neues, um das zu tun, wofür ich wirklich brenne. An diesem Punkt angelangt, war die Entscheidung tief in mir jedoch schon lange gefallen. Für den Neustart.

Dieser eine Moment, in dem für mich die Entscheidung für ein anderes Leben unumkehrbar fiel, erscheint von außen betrachtet völlig unspektakulär. Begeistert hatte ich mich in ein großes Projekt gestürzt und kannte bald keine Feierabende und Wochenenden mehr. Bereitwillig ließ ich mir einen Teil meines Jahresurlaubs ausbezahlen, so sehr hatte ich mich in meinem Job-Hamsterrad eingerichtet. Nach monatelanger Arbeit fand das Projekt schließlich seinen fulminanten Abschluss. Jegliche Erwartungen wurden übertroffen, und so freute ich mich auf ein entspanntes gegenseitiges Auf-die-Schulter-Klopfen, als ich mit meinem Chef und unserer Geschäftsführung direkt nach dem Projektabschluss in lockerer Runde zusammenstand.

In genau diesem Moment vernahm ich jedoch ungläubig, wie mein Chef vor versammelter Runde ein nächstes, noch spektakuläreres Projekt ankündigte. Ich war völlig ausgebrannt und definitiv nicht in der Lage, mich unmittelbar auf das nächste Ziel einzulassen. Souverän lächelte ich meine Ernüchterung und Fassungslosigkeit weg, aber in diesem Moment wusste ich glasklar, dass ich in einem völlig falschen Leben steckte. Auf jeden Fall hatte dieses ständige, unaufhaltsame Streben nach mehr nichts, aber auch gar nichts mit meinen Werten und Lebenszielen zu tun. Die hedonistische Tretmühle, dass es im Leben immer höher, schneller und weiter gehen muss, verfing an diesem Punkt nicht mehr bei mir.

Ich wusste in diesem Moment nicht annähernd, wie ein anderes Leben aussehen sollte. Aber ich begann, mich von allem Alten zu lösen und die überwältigend große Frage zuzulassen, wie ein wirklich erfüllendes Leben für mich aussehen könnte. Bis ich für mich eine Antwort finden und einen klaren Neustart wagen würde, dauerte es allerdings noch eine Zeit.

Schließlich habe ich mein Leben umgekrempelt, und gut zehn Jahre später ist mein Leben tatsächlich ein völlig anderes. Nicht nur dass heute drei Kinder mein Leben bunt und turbulent machen, ich habe zugleich meine Leidenschaft zum Beruf gemacht und mich vom stetigen Streben nach mehr verabschiedet. Meine Bienen summen heute an den schönsten Plätzen der Lübecker Bucht und machen mit ihrem Honig die Landschaft schmeckbar. Timmendorf, Travemünde und Scharbeutz sind Orte, die ich früher nur von kurzen Ausflügen am Wochenende kannte. Geduldig reihten wir uns samstagvormittags in die endlose Autoschlange auf der A1 ein, die die von der Bürowoche ermatteten Hamburger Großstädter an die

Ostseeküste spülte. Heute habe ich diese hastigen Wochenendausflüge, Business-Kostüme und meinen Rollkoffer gegen Latzhose, Gummistiefel und eilig zusammengebundene Haare getauscht, bin auf den Wiesen und Feldern entlang der Ostseeküste zu Hause und spüre jeden Tag, wie mich das Gefühl großer Zufriedenheit durchströmt.

Ich erlebe täglich die Ostseeküste mit ihrem salzigen Wind, der strahlenden Sonne, ihren knallgelben Rapsfeldern, den rauen Steilküsten, aber auch den einsamen Stränden und sanften Wellen. Und all dies macht mir jeden Tag unbändige Lust auf meine Arbeit.

In diesem Buch erzähle ich von meiner großen Leidenschaft, den Bienen, und wie sie mein Leben verändert haben. Sie werden mich auf den folgenden Seiten durch das Bienenjahr begleiten und so en passant viel Wissenswertes über das Imkern erfahren. Nebenbei lernen Sie die besondere Gemeinschaft der Bienen kennen, erhalten Einblicke in ihre emsige Arbeit und die Bedeutung ihrer Bestäubungsleistung, die so essenziell für unsere Ökosysteme und die Landwirtschaft, die Pflanzenwelt und damit unser Leben ist. Kurzum erfahren Sie alles, was man über diese erstaunlichen Insekten wissen sollte und was wir von ihnen lernen können. In einem Glossar am Ende des Buches werden außerdem alle wichtigen Begriffe rund um das Imkern erklärt.

Ich wünsche Ihnen eine inspirierende und vergnügliche Lektüre und hoffe, Sie für meine Liebe zu den Bienen und das bereichernde Summen im Leben begeistern zu können!

HERAUSKATAPULTIERT

Wie ich die Resettaste in meinem Leben drücke und es zur bestmöglichen Lücke in meinem ach so perfekten Lebenslauf kommt

Wenn ich beim Verkauf meines Honigs gefragt werde, was mir dieses Strahlen in mein Gesicht zaubert, wenn ich von meiner Arbeit erzähle, dann ist es mir unmöglich, mit nur wenigen Sätzen darauf zu antworten. Denn die Antwort darauf liegt eigentlich bereits in meiner Kindheit, hat sich über die Zeit entwickelt und ist viele holprige Umwege gegangen.

Mein Lebenslauf ist kunterbunt, und dass mein Weg mich einmal zu den Bienen und schließlich zu einem honigsüßen Unternehmen führen würde, war nicht wirklich vorgezeichnet. Aber der Reihe nach. Alles beginnt damit, dass ich nach dem Abitur als Flugbegleiterin rund um die Welt fliege, um mein Politikwissenschaftsstudium zu finanzieren. Wohin mich das einmal führen soll, dazu habe ich zugegebenermaßen keine Ahnung. Ich weiß nur: Hör auf dein Bauchgefühl und studiere das, was du liebst und was dich berührt. Alles andere findet sich. Irgendwie.

Zurückblickend betrachtet, gebe ich zu, dass dies eine ziemlich jugendlich-idealistische Sicht auf die Dinge war, die aber sehr schnell der Realität weichen sollte. Nach dem Examen folgen Stationen in der Hamburger Welt der Kommunikations- und Werbeagenturen, ganz klassisch, wie man es sich so vorstellt, mit Kickertisch, Biolimo und Entspannungslounge – und einem Arbeitspensum, bei dem man wie ich nach vier Jahren im Job entweder kurz vorm Burn-out steht oder kokst. Je nach persönlicher Veranlagung.

Ich bin offenbar der Typ für Ersteres, und nach mehreren Monaten, in denen sich Infekt an Infekt reiht, ist klar, dass es so definitiv nicht weitergeht. Mein Körper hat offensichtlich die Reißleine gezogen und streikt. Es folgt ein klarer Schnitt, und wenn ich in irgendetwas wirklich gut bin, dann darin, in einer Krise ins kalte Wasser zu springen und meinen Blick nach vorn zu richten.

Neustart in Berlin-Mitte

Wie von Zauberhand verwandelt sitze ich tatsächlich keine zwölf Monate und einen Umzug später am Schreibtisch einer großen deutschen Finanzgruppe mit Blick auf die weihnachtlich erleuchtete Berliner Friedrichstraße. Und kurioserweise sitzt mir schon nach wenigen Wochen mein ehemaliger Agenturchef in dem imposant eleganten Konferenzraum gegenüber, der angestrengt um einen großen Etat bei uns pitcht.

Ganz ehrlich: Der Wechsel auf Unternehmens- und damit Auftraggeberseite sowie das Durchstehen der trostlosen ersten Monate in diesem sibirisch anmutenden Berliner Winter haben sich spätestens in diesem Moment gelohnt. Schlicht und einfach für diesen Moment, in dem sich die Machtsituation zwischen meinem ehemaligen Chef und mir zumindest für einen Augenblick diametral verschiebt. Um genau dem Menschen gegenüberzusitzen und in die Augen zu schauen, der noch vor Kurzem im Gehaltsgespräch mein Engagement und meine Arbeit in den höchsten Tönen gelobt, aber prompt schmallippig auf meinen Wunsch nach einer vermögenswirksamen

Leistung für knapp vierzig Euro reagiert hatte. Echte hippe Agentur-Mitarbeiterwertschätzung eben. Ich bin sicherlich nicht die Erste oder Einzige, der es so ergangen ist. Aber ich würde lügen, wenn ich behaupten würde, dass so eine Erfahrung nichts mit einem macht, wenn man gerade erst begeistert, mit großem Enthusiasmus und völlig naiv in das Berufsleben gestartet ist.

Nicht dass mein Votum ausschlaggebend gewesen wäre – der Zufall will, dass meine ehemalige Agentur diesen Pitch nicht gewinnt. Ich dagegen gewinne mit dem Wechsel in die Hauptstadt einen großartigen neuen Chef, spannende Aufgaben und eine fordernde Arbeit in einem entspannten, kreativen Team. Anders als in der Agentur habe ich nun das Gefühl, dass meine Arbeit wirklich wertgeschätzt wird und ich Projekte inhaltlich mitgestalten kann. Sieben Jahre lang sind dieser Job und das Leben in Berlin so erfüllend, wie ich es mir zu Beginn erhofft hatte.

Um meine Selbstoptimierung und Ziele immer noch ein bisschen weiter stecken zu können, laufe ich zur Entspannung Marathon. Das Ganze hätte lässig so weitergehen können, bis, ja, bis ich erkennen muss, wie ich mich mit dem ständigen Streben nach mehr nicht mehr identifizieren kann. Dies ist der Startpunkt, mich für etwas Neues in meinem Leben zu öffnen.

Wenn man an diesen Punkt kommt, an dem man sich innerlich von seinem bequem eingerichteten Leben zu lösen beginnt, zeigt einem das Leben kurioserweise manchmal Wege auf, die man zuvor gar nicht zugelassen hat. Und nimmt einem schicksalhafterweise so auch ein Stück weit Entscheidungen ab, die man selbst vielleicht bislang nicht zu treffen bereit war.

So wache ich eines Tages zwillingsschwanger auf, und von einem Tag auf den anderen ist der Stecker meines alten Lebens schlicht und einfach gezogen.

Da ist nichts mit einer entspannten Schwangerschaft, bei der ich beim Yoga lächelnd meinen langsam größer werdenden Bauch betrachte oder im Sonnenschein in einem Berliner Straßencafé fröhlich schlürfend einen entkoffeinierten Soja-Latte genieße – mir geht es elend, alles ist kompliziert, und erst nach einem guten halben Jahr, das ich auf dem Sofa verbringe, fühle ich mich wieder auf der Seite der Lebenden.

Und als uns kurz darauf die süßesten Zwillingsmädels der Welt strahlend anquietschen, ist alles gut, und ich bin vom Hormonflash völlig berauscht. Von meinem Chef, den Kolleg*innen sowie meinem Arbeitgeber flattern begeisterte Glückwünsche zur Geburt und Berge an liebevoll verpackten Stramplern, Rasseln und Greiflingen ins Haus. In diesen ersten Monaten als Mutter bin ich nahezu berauscht, wie reibungslos unser zugegebenermaßen rein theoretischer Plan, zukünftig Job und Kinder unter einen Hut zu kriegen, umsetzbar zu sein scheint. Ich würde zunächst in Teilzeit wieder einsteigen und mir Stück für Stück Gedanken machen, welche Richtung ich zukünftig einschlagen möchte, um meiner Arbeit einen anderen, erfüllteren Dreh zu geben.

Dass das Thema Kinderbetreuung mit gleich zwei Kleinkindern und den unregelmäßigen Dienstzeiten meines Mannes als Pilot nicht ganz einfach sein wird, darauf bin ich eingestellt. Dass ich vor einer Präsentation auch nicht mehr einfach bis halb drei Uhr nachts werde durcharbeiten können und Veranstaltungen und Messetermine, die sich bis spät in den Abend ziehen, mit Kita-Öffnungszeiten nur schwer vereinbar sind, ist mir ebenfalls völlig klar. Und in dieses Vollzeit-Hamster-rad möchte ich ja auch nicht mehr zurück, zumindest solang unsere Kinder klein sind. Aber wir sind mehr als zuversicht-lich, dass es mit ein wenig gutem Willen von allen Seiten und zwei guten Kitaplätzen im 21. Jahrhundert möglich sein wird, sowohl Kinder als auch Teilzeitjob unter einen Hut zu kriegen.

Ich erwache erst jäh aus diesem wattig-wohligen Zustand, als es nach einem Jahr Elternzeit konkret um meinen Wieder-einstieg geht. Eigentlich war ich davon ausgegangen, dass ich mit meinem Chef besprechen würde, wann genau, an welchen Tagen und mit wie vielen Stunden pro Woche ich in meiner Elternzeit wieder arbeiten und welche Projekte ich übernehmen könnte.

Die Broschüre des Betriebsrates mit den Versicherungen, wie sehr sich der verzweifelt um einen modernen Anstrich be-mühte schwäbische Mutterkonzern um den Wiedereinstieg seiner Mitarbeiterinnen nach der Elternzeit sorgt, steckt gut verstaut in meiner Tasche. Die bestärkenden Worte meines Chefs beim Abschied, dass er mir jederzeit die Tür offen halten und alles möglich machen wird, klingen mir noch im Ohr, und so schreite ich gut gelaunt über den mir wohlbekannten Flur. Als wir uns schließlich im Konferenzraum gegenübersitzen, nimmt mein Chef ermattet die klassische Design-Hornbrille ab, legt sie sorgsam und bedächtig auf den Tisch, reibt sich müde die Augen und seufzt schließlich tief auf.

Spätestens jetzt wird mir klar, dass dieses Gespräch eine gänzlich andere Richtung nehmen wird, als ich es vor wenigen Minuten noch vermutet hatte. Er richtet seinen Blick wieder auf mich und sagt dann scheinbar mühsam nach Worten su-chend: »Ich finde es wirklich fantastisch, dass ihr alle Kinder bekommt. Ich habe ja selbst eins. Aber eine Teamleiterin mit Zwillingsbabys und ein Team mit lauter Teilzeitmuttis – ganz ehrlich, das wird nix.«

Ich denke kurz an meinen Mann. Und an die unerbittliche Realität seines ständig wechselnden Dienstplans und seiner Flugeinsätze, die sich oft über mehrere Tage erstrecken. Klaas ist ein enthusiastischer Familienmensch, aber auch ein leidenschaftlicher Flugkapitän. Als wir zuvor gemeinsam überlegt hatten, wie wir die Betreuung unserer Mädels organisieren würden, waren wir uns einig, dass Klaas neben Elternzeit auch Teilzeit beantragen würde. Weitergehende zuverlässige und familienfreundliche Arbeitszeitmodelle sind in seinem Job jedoch einfach nicht möglich. Und da unsere Eltern am anderen Ende der Republik leben, fallen auch sie als Betreuungslösung zwischen Krippenöffnungszeiten und Arbeit aus. Aber wir könnten vielleicht wie Freunde von uns ein Au-pair aufnehmen, das an den Tagen, an denen ich arbeiten und Klaas fliegen würde, die Betreuung unserer Zwillinge übernimmt. Ich war überzeugt, wo ein Wille ist, gibt es auch einen Weg. Aber all unsere Planungen und Einschätzungen, wie Job und Kinder zusammen funktionieren können, stürzen in diesem Moment komplett in sich zusammen.

Ich schlucke. Und spüre, dass sich gerade etwas Grundlegendes ändert. Ist es nicht erst einen Wimpernschlag her, dass ich mich völlig gleichberechtigt gefühlt hatte? Klaas und ich sind Mitte dreißig, haben beide viel in unsere Ausbildung und in unser Studium investiert, und es gibt keinen großen Verdienstunterschied zwischen uns. Zudem gab es bislang für mich keinen Grund, daran zu zweifeln, dass mein Arbeitgeber seinen Mitarbeiter*innen familienfreundliche Arbeitsmodelle anbietet.

Aber einzig mit der Entscheidung, dass wir eine Familie gegründet haben, scheine ich aus allem, was ich bisher erreicht habe, herauskatapultiert zu werden, und meine Einschätzung, wie gleichberechtigt alles laufen sollte, platzt wie eine Seifenblase. Willkommen in der Realität!

Mir ist klar, dass ich jetzt und hier im schicken Berliner Konferenzraum und mit diesem Vorgesetzten, der gerade eine Atmosphäre wie ein offen stehender Gefrierschrank verströmt, nicht ein Krümelchen Entgegenkommen erwarten kann. Ich brauche ein paar Tage, um diese Frechheit zu verdauen – und deutlich länger, um die Möglichkeit, die für mich darin liegt, zu entdecken. Diese kühl berechnende Ansage meines Chefs bedeutet im Umkehrschluss für mich, mein Glück selbst in die Hand zu nehmen und mir eine Arbeit zu suchen, die mich in meinem neuen Lebensabschnitt erfüllen wird.

Gefangen im Job-Hamsterrad

Zugegeben, schon bevor ich Kinder bekam, hatte ich immer stärker eine deutliche Distanz zu meinem Großstadtleben gespürt und meinen Job über die Jahre als immer austauschbarer empfunden. Aber ohne die Erfahrung meiner Elternzeit hätte ich den Startpunkt für einen Neubeginn sicher nicht gefunden.

Ausgerechnet bei einem Familientreffen begann diese Erkenntnis in mir zu reifen.

»Ja, ich weiß auch nicht so recht, unsere Stephanie ist ja jetzt in Berlin. Bei der Bank. Und da macht sie ... ja, so mit Werbung, Internet und so ...« Verzweifelt suchen die dunklen Augen meines Vaters meinen Blick.

Ich seufze kurz und atme tief ein. Zehn Jahre machte ich jetzt schon diesen Job, und für meine Eltern war meine Arbeit mit den »modernen Medien«, wie sie es nennen, immer noch ein Buch mit sieben Siegeln. Aber um ehrlich zu sein, ohne den ganzen Marketingsprech hätte ich meinen Job auch nicht in einem geraden Satz erklären können.

»Und der Klaas, der ist ja Flugkapitän.« Super, mit dem Job meines Mannes konnte jeder etwas anfangen. Dankbar fallen dann auch meine Tanten, Onkels, Cousins und Cousinen mit zahlreichen Fragen über ihn her.

Klar, der Bäcker backt Brot, der Pilot fliegt Flugzeuge, aber mein Job? Da gibt es tatsächlich keine klare und konkrete Einordnung, und vermutlich ist es das wenig Greifbare, was mich in den ersten Jahren in der Werbung so gereizt hatte. Doch nun beginnt sich alles in den immer gleichen Schleifen zu bewegen, und neue Projekte bringen zwar neue Themen, aber keine wirklichen Herausforderungen mit sich. Am Ende des Tages scheint alles nur eine sinnentleerte Hülle zu sein, und ich habe das unerbittliche Gefühl, dass mein Leben mit dieser Oberflächlichkeit an mir vorbeirauscht.

Aber nicht nur dieses wenig Greifbare eines Jobs in der Marketingblase befremdet mich allmählich immer mehr, sondern auch die Erkenntnis, dass ich mich mit meinem schicken Berlin-Mitte-Leben meilenweit von dem, was mich ursprünglich einmal begeisterte, entfernt habe. »Ham wa nich«, schnauzt mich der Obst-und-Gemüse-Verkäufer auf dem Prenzelberg-Markt mit berlinerisch direkter Art an. Okay, vermutlich bin ich nicht die Erste, die an diesem sonnigen Frühlingstag im März Frühkartoffeln ordert und damit offenbart, keinerlei Ahnung von Anbau- und Erntezeitpunkten zu haben. Jedem halbwegs erdverbundenen Menschen ist klar, dass die ersten jungen Kartoffeln erst im Frühsommer verkauft werden. Noch einen deutlicheren Anschnauzer hätte ich mir vermutlich nur eingefangen, wenn ich irgendein Yuppie-Obst wie Drachenfrucht, Granatapfel oder Avocado bestellt hätte, das um die halbe Welt hergeflogen worden war und so gar nichts mehr mit Regionalität und Saisonalität zu tun hat.

Für mich ist dieser Moment auf dem Markt ein einschneidendes Erlebnis, da mir klar wird, wie sehr ich mich von vielem, was mich einmal ausgemacht hat, entfernt habe. Als Waldorfschülerin habe ich bei der Schülerhofepoche im Oktober auf dem Acker Kartoffeln geklaubt und den frischen Geruch der herbstlichen kühlen Erde in mich aufgesogen. Auf den wilden Rückfahrten saßen wir zusammen im Anhänger und sangen lauthals und überschwänglich. Der alte Ackerwagenanhänger wurde von einem noch älteren Trecker gezogen, und am Steuer saß unser wunderbarer Lehrer, ein ehemaliger Opernsänger, der nun Waldorflehrer war und für den Schülerhof beim alten Schloss verantwortlich zeichnete. Wenn ich nun die Augen schließe und daran denke, erinnere ich sofort den herbstlich kühlen Wind in meinem Gesicht und in mir das tiefe Gefühl von Freiheit. Von etwas Echtem. Ursprünglichem. Von der Schönheit und Erfülltheit, nah am Takt der Natur zu sein. Nach meinen vielen Großstadtjahren bin ich nun offensichtlich weit entfernt vom Zyklus der Natur und von meinen Wurzeln.

Gleichzeitig spüre ich, dass ich mich über nichts mehr richtig freuen kann. Es ist völlig verrückt: Ich fühle mich einerseits übersättigt, weil ich mir eigentlich alles leisten kann, gleichzeitig wünsche ich mir mehr Ruhe und vor allem das Gefühl, wieder stärker bei mir selbst zu sein. Glücklich und entspannt fühle ich mich immer dann, wenn ich draußen in der Natur bin: beim Segeln auf dem Wannsee oder bei langen

Spaziergängen durch die Parks und über die alten verwitterten Friedhöfe in Berlin-Mitte.

Mit der Distanz meiner Elternzeit bekomme ich nun langsam, ganz langsam ein Gefühl dafür, was mich in Zukunft glücklich machen würde: mich auf meine Wurzeln und auf das, was mich als Kind begeistert hat, zu besinnen. Draußen zu sein. Sich auf etwas ganz Neues einzulassen. Die Natur zu spüren, dem Rhythmus der Jahreszeiten nah zu sein. Etwas zu machen, was bleibt, was man anfassen kann. Ein Handwerk. Am liebsten eins, bei dem man etwas herstellt, das man essen und genießen kann. Meine Arbeit soll nicht mehr nur ein Mittel sein, um Rechnungen zu begleichen. Ich will mehr! Ich möchte eine Arbeit, die nachhaltig und sinnvoll ist und die mir wirklich am Herzen liegt.

Die bestmögliche Lücke in meinem ach so perfekten Lebenslauf

In der Realität krabbeln jedoch erst einmal unsere Zwillinge fröhlich juchzend durch die Wohnung – und ich krieche nach wenigen Monaten auf dem Zahnfleisch. Ich fühle mich wie in einer Zwischenwelt, irgendwo zwischen prallem Leben, nahezu tödlicher Müdigkeit und inmitten von überall verschmiertem Hirsebrei. Ich will diese Zeit liebend gern mit meinen Kindern verbringen und habe von meinem alten Arbeitgeber dafür auch finanziell den goldenen Handschlag bekommen.

Aber statt für meine Arbeit Lob und Boni zu erhalten, sammele ich auf allen vieren Sabbertücher, Sophie la girafe und dicke, an den Rändern angeknabberte Bilderbücher vom Boden auf und bekomme im besten Fall als Dank meine gedämpften Biopastinaken links und rechts um die Ohren geworfen. Natürlich nur die, die zuvor nicht am weiß lasierten Tripp Trapp abgewischt worden sind.

Und da ist noch ein neues, überraschendes Gefühl: Ich empfinde mit unseren kleinen Kindern die Großstadt schlagartig als unfassbar anstrengend. All das, was ich an der Metropole zuvor innig liebte – das Tanzengehen im alten Ballhaus, die Theater- und Kinobesuche, die Museen und Restaurants oder der Blick von unserem Dachgarten auf den Berliner Fernsehturm –, übt schlagartig keinen Reiz mehr auf mich aus.

Wenn ich unseren unförmigen Zwillingskinderwagen über den Hackeschen Markt schiebe, bemerke ich nichts mehr von der Schönheit der uns umgebenden Architektur, sondern bin gestresst von dem scheinbar unablässigen Quietschen der Straßenbahnen und Hupen der Autos. Und denke nur daran, wie ich es mit beiden Babys, Wickeltasche und Einkauf bis zu unserer hippen und schicken, aber nun völlig unpraktischen Dachgeschosswohnung im fünften Stock ohne Aufzug schaffen werde.

Meinem Mann und mir ist irgendwann klar: Wir brauchen einen Neustart. Am besten an einem anderen Ort. Unser Großstadtleben passt in dieser Lebensphase nicht mehr zu uns, mein Job hält uns nicht mehr in Berlin, und mein Mann kann genauso gut von Hamburg aus arbeiten. Und ist Norddeutschland nicht eigentlich unser gemeinsamer, geheimer Sehnsuchtsort? Wie oft hatte ich mich in den vergangenen Jahren an den endlosen grauen Wintertagen, an denen ich an meinem Berliner Büroschreibtisch saß und halbe Ewigkeiten auf die Fenster eleganter, aber erdrückend kühler Büroblöcke blickte, sehnsüchtig an die Weite der blauen Küste erinnert? An die knallgelben Rapsfelder im Frühjahr und die mal sanfte, mal aufgewühlte Ostsee? Mich nach der klaren, leicht salzigen Luft und dem feinsandigen breiten Ostseestrand gesehnt? Kurz entschlossen wie noch nie in unserem Leben entscheiden wir uns für einen Neustart im Norden, machen uns auf die Suche nach einer Bleibe und ziehen einen Schlussstrich unter unsere Zeit in der Hauptstadt.

Wenige Monate später sitzen wir im Garten eines verträumten Jugendstilhäuschens in der Nähe der Ostseeküste, mit knorrigem Kirschbäumchen und Schaukel – und unsere mittlerweile zweijährigen Zwillingsmädchen buddeln zufrieden im Sandkasten, den wir aus einer alten Jolle gebaut haben.

Eigentlich startet unser neues Leben im Norden schon fast beängstigend bilderbuchmäßig – unsere Töchter haben zwei Plätze in einem kleinen Naturkindergarten unseres Städtchens ergattert, wir genießen die Nähe zur Ostsee, und ich würde sicher auch bald wieder anfangen zu arbeiten. Irgendetwas wird sich schon ergeben. Vielleicht muss man sich im Leben einfach auch mal zufriedengeben mit dem, was man hat, ankommen, nicht alles hinterfragen und sich einfach einen familienkompatiblen Job suchen, der zwischen Kita, Schule und Scharlach passt.

Wäre da nicht diese Frage, die sich, wenn sie einmal gedacht und ausgesprochen ist, nicht mehr einfach abschütteln lässt. Dieser unerbittlich bohrende Gedanke über das Leben, die eigenen Werte und die Sinnhaftigkeit des eigenen Tuns, den man versuchen kann zu ignorieren, der aber davon nicht leiser, sondern immer lauter wird. War es das jetzt? Sind wir jetzt schon an dem Punkt angekommen, an dem die vermeintlich großen Fragen des Lebens, also Hochzeit, Kinder und Haus, abgehakt sind? Wir jedes Jahr eine Weihnachtskarte von unserer glücklichen Rama-Familie in die Welt schicken und einfach immer so weitermachen, bis wir alt und grau sind?

Im Blizzard gefangen

Getrieben von dieser Frage ändert sich unser Leben zunächst für wenige Monate erneut um 180 Grad. Wir nutzen ein Jobangebot in Montreal, das sich für meinen Mann über die Wintermonate ergeben hat, um uns in Ruhe klarzumachen, wie wir als Familie in Zukunft leben wollen. Es folgt jedoch ein unendlich zäher, schrecklicher erster Monat in Kanada, in dem ich mich mindestens stündlich frage, wer diese wahnsinnige Idee gehabt hatte, den Winter mit zwei kleinen Kindern inmitten eines permanent andauernden Schneesturms zu verbringen. Unsere Mädels sind einen knappen Meter groß, während der Blizzard Schneemassen auf die Straßen weht, die deutlich höher sind. Also begrenzt sich unser Bewegungsradius auf unser schickes Großstadtappartement und den Hotelpool. Denke ich zumindest. Bis der kanadische Bademeister mir bei unserem Erscheinen im Spa-Bereich mit panischem Gesichtsausdruck klarmacht, dass eine Erwachsene mit zwei Nichtschwimmer-Kleinkindern auf gar keinen Fall den Sicherheitsvorstellungen des nordamerikanischen Kontinents entspricht. Schwimmscheiben hin oder her. Jede Diskussion ist sinnlos.

Also verkleinert sich unser Radius schlagartig auf unser Appartement, stundenlanges Puzzeln und das Betrachten von riesigen, eindrucksvollen Schneefräsen, die sich im Schneckentempo ihren Weg durch die langen Straßenfluchten Montreals bahnen. In diesen scheinbar unendlichen kanadischen Winterwochen habe ich mehr als genug Zeit, darüber nachzudenken, wohin meine Reise gehen soll. Zurück zum Marketing? Nur noch Mami sein? In meinem Kopf rattert es Tag und Nacht unermüdlich, ohne dass ich eine Antwort für mich finde.

Dafür kommt mir immer wieder ein Leitspruch in den Sinn, den meine Großmutter mir mit auf den Weg gegeben hat: »Nichts kann so schlecht sein, dass es nicht auch für etwas gut ist.« Bislang ist dies für mich bei allen Rückschlägen im Leben stets ein hilfreicher Ansporn gewesen, weiterzumachen und das Positive in Veränderungen zu sehen.

Aber so sehr ich mich auch bemühe, ich kann in diesem Dezember einfach nicht erkennen, wohin mich dieser Bruch in meinem Job und Lebenslauf in Zukunft führen soll und wofür dies gut ist. Unseren Sehnsuchtsort an der Ostsee haben wir mit unserem neuen Zuhause zwar gefunden. Und die Monate in der Ferne bestärken uns in unserer Entscheidung. Die Vorfreude auf den nächsten Sommer an der Ostseeküste wächst in dieser Zeit täglich. Aber welche Herausforderungen suche ich an diesem Punkt für mich in meinem Leben? Diese Frage ist weiterhin unbeantwortet. Stundenlang blicke ich auf die dicken, wattigen Schneeflocken, die unermüdlich gegen die großen Scheiben unseres Appartements wehen, und versuche, meine Gedanken zu ordnen.

Raus aus der Komfortzone

Und tatsächlich: Auf Regen und Schnee folgt irgendwann auch wieder Sonnenschein. Nach einem Katastrophendezember, ziemlich zerrupften Weihnachtstagen und einem verschlafenen Start ins neue Jahr stehe ich an einem sonnigen Januarmorgen auf der High Line in New York, genieße unseren Kurztrip, während unsere Mädchen ausgelassen und fröhlich über diese herrliche Großstadt-Oase toben.

Und da ist es plötzlich und unvermittelt wieder: das Gefühl von Leichtigkeit und das klare, sichere Wissen, dass dieses große Abenteuer und alle neuen Erfahrungen und Erlebnisse für jeden von uns einen Sinn ergeben. Im besten Fall würde ich, um all die neuen Eindrücke bereichert, auch meinen eigenen Weg klarer sehen.

Mir ist schlagartig wieder klar, dass es im Zweifel immer besser ist, die Komfortzone zu verlassen und ins kalte Wasser zu springen. Dass aufzubrechen, und jede klitzekleine Erfahrung, die man dabei macht, mehr wert ist, als einfach immer weiterzumachen in seinem Hamsterrad. Und so ist es tatsächlich auch: Sechs Monate und viele großartige Erlebnisse später kehren wir als Familie eng zusammengeschweißt und mit einem unermesslichen Schatz an Abenteuern und neuen Eindrücken glücklich nach Deutschland zurück.

Aber die nagende Ungewissheit, was ich mit mir, mit meinem Leben anstellen soll, ist unverändert und unbeantwortet geblieben. Durch unser Kanada-Abenteuer habe ich jedoch gelernt, dass Loslassen notwendig ist, um offen für Neues zu sein und das erkennen zu können, was mich wirklich begeistert.

Zugleich bin ich mir nun zumindest völlig sicher, was ich nicht möchte. Ich möchte nicht nur Mama sein. Und ich möchte auch nicht nur einen belanglosen Teilzeitjob. Ich möchte wie ganz viele Frauen in meiner Situation einfach das Beste von beidem! Eine Aufgabe, die mich fordert, und Zeit für meine Kinder.

Und klar – anders als damals als Volontärin in der Hamburger Werbeagentur bin ich nun auch finanziell in der privilegierten Situation, meinem Leben einen neuen Dreh geben zu können, ohne mir unmittelbar existenzielle Gedanken machen zu müssen, wie wir unsere nächste Miete bezahlen können oder wovon wir unseren Einkauf finanzieren werden. Ich bin bei dieser Suche nach dem Sinn, den ich meinem Leben und meiner Arbeit geben möchte, sehr dankbar, dass ich dies ohne großen finanziellen Druck machen kann. Sich in einer Umbruchsituation eine solche Freiheit nehmen zu dürfen, bedeutet für mich echten Luxus, so viel mehr, als es ein teures Auto oder ein großes Haus sein könnte. Wäre ich alleinerziehend, würden sich diese Fragen sicher nicht stellen. Sinnsuche hin oder her. Geschafft von den nicht enden wollenden Aufgaben eines Tages würden sich die rein existenziellen Fragen in den Vordergrund drängen – und beantwortet werden müssen.

Die Frage nach dem Sinn der eigenen Arbeit, der ich hinterherspüre, erscheint aus diesem Blickwinkel vielleicht etwas abgehoben. Aber wie alles im Leben ist es immer eine Frage der Perspektive. Ich kenne mittlerweile unzählige Frauen in meinem Freundeskreis, für die sich mit dem meist zwangsläufigen Bruch im Lebenslauf, der sich durch die Geburt von Kindern ergibt, mit Mitte dreißig, Anfang vierzig die Frage einer Neuorientierung stellt. Und sollte man sich in dieser Phase mit Baby oder Kleinkind in einer Bewerbungssituation für einen anspruchsvollen Job wiederfinden und seine Kinder nicht verleugnen, wird einem das Gefühl vertraut sein, dass man im besten Fall wie eine Außerirdische angeschaut wird.

Dass Frauen auch mit Kindern einen anspruchsvollen Job fordern, ist, denke ich, nicht in erster Linie eine finanzielle Frage. Sondern eine Frage der Gleichberechtigung, wie sich die Arbeit für eine Familie und Kinder zwischen einem Paar fair aufteilen lässt, welche Möglichkeiten der Arbeitsmarkt Müttern eröffnet und wo man sich selbst wiederfindet. Und es geht auch um die Frage, wie sehr die Entscheidung, Kinder zu haben, gesellschaftlich respektiert und honoriert wird. Meine Generation hat diesen Punkt noch längst nicht erreicht.

Auch ohne Kinder ist der Gender-Pay-Gap für Frauen heute bittere Realität – entscheidet man sich als Frau dann auch noch für Kinder, ist der Einkommensunterschied zu einem Mann, der keine nennenswerte Auszeit für die Kindererziehung nimmt, über die Lebenszeit gesehen atemberaubend. Ich bin zugegebenermaßen skeptisch, aber ich wünsche es meinen Mädchen und der ganzen nächsten Generation sehr, dass sich dies grundlegend ändert, betrifft es doch letztlich uns alle. Denn wir als Gesellschaft können nur gewinnen, wenn wir einen konsequenten Schritt hin zu wirklicher Gleichberechtigung machen.

So weit ist es jedoch noch nicht – zumindest nicht in meiner Welt. Und deshalb muss und möchte ich meinem Leben eine neue Richtung geben.

Die einmalige Chance, die Resettaste im Leben zu drücken

Und dann, nach all diesen Erfahrungen und Einschnitten in unserem Leben, finde ich ganz unvermittelt, unverhofft und plötzlich die Antwort auf meine Fragen und Unsicherheiten. Es geht für mich nicht um einen Lebenslauf, der schnurgerade verläuft, oder darum, irgendwie Teilzeit zu arbeiten, nur um für die Jungs, die uns während der Elternzeit lässig die Führungspositionen weggeschnappt haben, ihre Konzepte auszuarbeiten. Ich habe, das begreife ich nun, auch mit Mitte dreißig und zwei kleinen Kindern die einmalige Chance, die Resettaste in meinem Leben noch einmal zu drücken.

Ich muss mich nur trauen.

Den schönsten Ort der Welt haben wir mit der Ostsee immerhin gefunden, nun brauche ich nur noch den passenden Job. Ich erkenne, dass in dieser Umbruchphase ein großes Glück liegt, weil man die Chance hat, sich noch einmal neu zu denken. Und wenn man gar nicht mehr weiß, wo der nächste Schritt hingehen soll, dann kann man immer noch springen. Auch in eine komplett andere Berufung, in etwas völlig Neues!

Einmal so weit gedacht, lasse ich mich von diesem Gedanken eines Neuanfangs nicht einen Zentimeter mehr abbringen, auch wenn jetzt noch etwas ganz anderes Unverhofftes und Schönes meine Überlegungen und Planungen durcheinanderwirbelt: Ein kleiner Blondschopf kommt in unser Leben, macht unsere Familie vollständig und katapultiert mich noch einmal kurzzeitig in die Pastinakenphase zurück.

MEIN PLAN

Wie mein weiterer Weg nicht immer schnurgerade verläuft,
ich dennoch meine Passion finde und meine Familie überzeuge,
dass diese absolut großartig ist

Nach dieser langen und zermürbenden Zeit des Suchens und
Grübelns stolpere ich eines Tages völlig überraschend, unge-
plant und unverhofft in meine neue Leidenschaft. Ich würde
liebend gern eine anrührende Geschichte erzählen, dass mich
Bienen schon immer magisch angezogen haben. Dass mir ein
gütiger, graubärtiger Großvater oder eine ältere Imkerin die
Welt der Imkerei geduldig und liebevoll nahegebracht haben.
Meine Geschichte ist jedoch eine andere. Eine sehr viel un-
spektakulärere. Aber vielleicht zeigt sie gerade deshalb ganz
gut, dass es für einen Neuanfang manchmal nur einen winzigen Funken braucht.

An einem strahlend sonnigen Sommertag schiebe ich in
Gedanken versunken unseren Sohn im Buggy durch die
Landschaft, bis ich an einem Feldrand ein sanftes Brummen
vernehme und auf einen Bienenstand aufmerksam werde.
»Sssssssmmmmmmmmmmsssssmmmm«, höre ich es gleich
darauf auch fröhlich aus dem Buggy glucksen. Minutenlang
verharre ich und verfolge das emsige Treiben, die Sonne kitzelt
auf meiner Nase, und ich lausche dem sanften Summen der
Bienen.

Schlagartig ist es um mich geschehen. Ich spüre, dass mich
irgendetwas ganz tief berührt und dass mich dieses Gefühl
zugleich völlig überrascht und verwirrt. Rückblickend habe

ich genau in diesem Augenblick meine Passion gefunden, ohne dass ich es auch nur ansatzweise rational erklären könnte. Beinahe magisch werde ich von der Ahnung angezogen, dass jeder Bienenstock uralte Weisheiten und Regeln in sich birgt, die uns grundlegende Dinge des Lebens lehren. In einem Kinderbuch unserer Töchter habe ich erst wenige Tage zuvor gelesen, dass Honigbienen bereits seit über fünfzig Millionen Jahren auf der Welt leben und sich jeder Veränderung erfolgreich angepasst haben. Dies hat mich überrascht und zugleich mein Interesse geweckt – wenn die Dinosaurier es nicht vermocht haben zu überleben, wie konnten es diese kleinen Wesen schaffen?

Eigentlich haben Insekten bislang nicht zu den Tieren gehört, die mich in großes Verzücken versetzen. Gegen Hunde oder die flauschigen Kaninchen unserer Kinder kommt auf den ersten Blick auch nur schwer an, wer sechs Beine, vier Flügel und einen Panzer hat, eher als störend gilt und von vielen genervt vom Gartentisch weggewedelt wird. Aber ich spüre in diesem Moment unweigerlich, dass ich mehr über die feinen Brummer erfahren möchte.

So ziehe ich am Abend eins meiner ältesten Kinderbücher aus dem Regal, um mich darin zu vertiefen: Mein Klassenlehrer hat mir vor vielen Jahren das wunderbare Bienenbuch von Jakob Streit geschenkt. Mein halbes Leben hat es geduldig darauf gewartet, nun neu von mir entdeckt zu werden! Und ich spüre zugleich immer stärker, dass ich mit den Jahren stetig dankbarer für die Art und Weise geworden bin, wie man uns an der Waldorfschule angehalten hatte, auf die Welt und uns selbst zu blicken. Stets achtsam seine Umwelt wahrzunehmen und die Welt in ihrer Ganzheit zu begreifen – diese Haltung bietet mir nun, in meiner persönlichen Krise, die Möglichkeit, mich neu zu denken.

Es kann losgehen!

»Nein, das ist absoluter Wahnsinn!« Fassungslos schaut mich mein Mann an. Noch vor wenigen Minuten hatten wir entspannt die Füße in den warmen Sand gesteckt und die abendliche Stimmung in der kleinen griechischen Strandtaverne genossen. Die Kinder spielen am Strand und bauen kleine Steintürme – der perfekte Zeitpunkt, um frei über unsere Pläne fürs nächste Jahr zu sprechen.

Dachte ich jedenfalls.

Offensichtlich habe ich den Eindruck, den die vergangenen Monate und Jahre auf meinen Mann gemacht haben, deutlich unterschätzt. Seit unserem Aufbruch aus Berlin gleicht unser Leben einem Wirbelsturm von ständig neuen Herausforderungen und Eindrücken. Unser altes Jugendstilhäuschen hat sich kurz nach unserem Einzug in eine Großbaustelle verwandelt, während wir versuchen, mit unseren Zwillingsmädchen darin einen halbwegs normalen Alltag zu leben. Und nach unserem Kanada-Abenteuer krabbelt und quietscht nun unser drittes Kind fröhlich über die alten Dielenböden und verwandelt unser Haus wieder in ein heilloses Kleinkindchaos.

Obgleich wir beide mit einer großen Neugierde auf alles Neue dem Leben gegenüberstehen und der damit verbundenen Unruhe durchaus entspannt begegnen, ist für meinen Mann jetzt ganz klar der Punkt erreicht, an dem Ruhe einkehren muss. Und mit Ruhe meint er offensichtlich das gemütliche Aufschlagen der Wochenzeitung auf der Gartenbank, ohne dass im Hintergrund Handwerker mit ohrenbetäubendem

Lärm den geschmacklosen Fünfzigerjahre-Anbau abreißen oder unsere Kinder die Zeitung in tausend Fetzen zu Konfetti zerlegen. Und ganz sicher nicht die Art von Ruhe und Besinnung, die ich mit dem Aufstellen von zwei Bienenvölkern im Garten andeute.

Zudem sind die Dimensionen unseres kleinen Häuschens und des dazugehörigen Gartens überschaubar, und damit ist die Begeisterung unserer steingartenliebenden Nachbarn nur eingeschränkt kalkulierbar. Aber nachdem wir seit frühesten Studienzeiten zusammen die absurdesten Situationen erlebt und die grundlegenden Entscheidungen für unser Leben gemeinsam getroffen und durchgezogen haben, ist meinem Mann schon jetzt die Hoffnungslosigkeit seiner Position bewusst. Und genau für diese letztlich bedingungslose Bereitschaft, jedes Abenteuer mitzugehen, liebe ich ihn ja auch so sehr.

Mit einem tiefen Seufzer schiebt er seinen Stuhl zurück, schaut mir in die Augen und sagt schließlich mit seiner warmen, ruhigen Stimme: »Na gut, dann erzähl mir mal deinen Plan.«

Zugegeben, meine eigene kleine Imkerei ist an diesem Punkt nicht mehr als eine vage Idee. Und die nächsten zwei Jahre halten mich unser Sohn und meine Familie so auf Trab, dass ich kaum mehr schaffe, als abends zwischen Kissen und Kind Imkerbuch um Imkerbuch zu studieren. Meinen Plan gebe ich jedoch nicht auf, und schließlich wird der allererste Schritt konkret: Ich nutze den nächsten Winter, um mir eine grundlegende Basis zu schaffen, und besuche an der Imkerschule Schleswig-Holsteins eine Reihe an Schulungen. Plane, welches

Material ich zu Beginn brauche, und hoffe, im Frühling vielleicht schon mit meinem ersten Bienenvolk starten zu können.

Meine Begeisterung für die Bienen hat mich allerdings schon jetzt auf neues, unbekanntes Terrain geführt: Ich bin tatsächlich zum allerersten Mal in meinem Leben Mitglied in einem Verein! In unserer digitalen Welt wirkten Vereine auf mich bislang eher anachronistisch. Dass die Mitgliedschaft in einem Imkerverein als Bienenhalter*in jedoch wichtig ist, leuchtet mir schnell ein. Allein schon, da man so direkt haftpflichtversichert ist – denn obwohl Bienen als wilde Tiere eingestuft werden, haften Imker*innen für ihre Bienen. Aber auch der gegenseitige Austausch scheint mir gerade zu Beginn meiner Imkerkarriere sinnvoll. Bislang ist mein Wissen über Bienen und Imkerei ja nur recht theoretisch mit meinem Imkerkurs und mit dem Wissen aus meiner Imkerei-Literatur unterfüttert.

Mein Bild von Menschen, die imkern, ist zu diesem Zeitpunkt zugegebenermaßen ziemlich vorurteilshaft: männlich, älter, konservativ. Zumindest habe ich bislang keine Frauen oder jüngere Menschen kennengelernt, die imkern. Wenn ich auf Wochenmärkten oder auf Reisen Honig kaufte, waren die Imker stets freundliche ältere Herren, die sich der Imkerei verschrieben haben. Vielleicht hat mein vorurteilsvoller Blick auf die Imker auch mit den spießig konservativen Gärten zu tun, die sich in meiner Wahrnehmung oftmals hinter den gelben Einheitsplastikschildern mit der Aufschrift »Honig aus eigener Imkerei« auftun. Statt der auf dem Werbeschild abgebildeten Korbimkerei mit Strohbienenkörben stehen dort inmitten akkurat gestutzter Hecken, exakt geharkter Petunienbeete und sorgfältig gestrichener Jägerzäune meistens die dunkelgrün angestrichenen Standard-Styroporkisten.

Nur Minuten nach einem kurzen ersten Anruf bei Friedrich, dem Vorsitzenden des Imkervereins unserer Region, landet in meinem E-Mail-Postfach die Einladung zum Vereinstreffen am nächsten Donnerstag in der Dorfkneipe Zum Eckkrug im Nachbarort. »Eigentlich kenne ich diese Altherrenclubs aus meiner Zeit in der Finanzkommunikation noch zu gut«, sage ich leise zu mir, unschlüssig, was ich von dem Abend erwarten soll. Meine Vorurteile werden schließlich jedoch fast noch übertroffen.

Beim Betreten der Dorfkneipe, deren Inneneinrichtung mindestens seit Anfang der 1980er-Jahre unverändert geblieben sein muss und die mit ihren Wimpeln auf den Regalen eine Ästhetik und einen Charme versprüht, wie ich es zuletzt vor dreißig Jahren bei Schützenfesten in meiner westfälischen Heimat erlebt habe, erblicke ich bei meinen ersten Vereinssitzungen tatsächlich fast nur ältere Herren in gediegen gedeckter Rentnerkleidung.

Nur wenige Jahre später befindet sich die Imkerszene in einem Umbruch. Bienen zu halten gilt als neues Yoga, gerade in urbanen Metropolen wie Berlin, London, Boston, New York und Kopenhagen. Ob als Beitrag zur Rettung von Bienen, der Bestäubung und der Welt oder um selbst näher am Takt der Natur zu sein – in den Großstädten summt es mittlerweile von vielen Dächern, Balkonen und Dachgärten. Gerade dort finden die Bienen in den Parks, Alleen, auf den Balkonen und Friedhöfen prächtige Trachtquellen fast über das ganze Jahr, da die Städte über eine deutlich höhere Biodiversität als unsere Äcker und Felder auf dem Land verfügen.

Und schaut man sich um, wer sich heute dem Hipster-Thema Imkern zuwendet, wird klar: Imkern wird immer weiblicher und immer jünger. Die ältere Generation der Imker ist derzeit noch das Rückgrat der Vereine – aber in Zukunft werden es auch zunehmend junge Menschen und Frauen sein, welche die Vereine prägen. Und das ist gut so, denn so dramatisch, wie sich unsere Natur und die Artenvielfalt verändern, muss sich auch die Haltung der Imker*innen zukünftig verändern. Und eine vielfältige Sicht aus unterschiedlichen Perspektiven kann angesichts der großen Herausforderungen nur hilfreich sein.

Holz oder Styropor?

Schon bei meinem ersten Imkertreff nimmt mich Friedrich, unser Vorstand, vertrauensvoll unter seine Fittiche. Von nun an sind die monatlichen Treffen in meinem Terminkalender fest eingeplant, denn der Austausch mit den erfahrenen, älteren Imker*innen und ihre Einschätzungen sind gerade zu Anfang sehr hilfreich.

Wenn alles super läuft und einem traumhaft sonnigen Frühjahr ein Jahrhundertsommer folgt, ist alles easy. Wie aber gehe ich mit dem Honig um, wenn es im Frühjahr feucht und kalt ist und die Feuchtigkeit des Honigs sich einfach nicht reduzieren lässt? Auch wenn mir bei all den Fragen manchmal ganz schwummerig wird, sauge ich alles hungrig in mich auf. Kein Jahr gleicht dem anderen, und gerade in der Landwirtschaft und Imkerei sind die Erfahrungen, die sich aus dem Zyklus der Natur ergeben, unerlässlich und der Austausch im Verein wertvoll.

Auch in schwierigen persönlichen Situationen spürt man die Kraft dieser Gemeinschaft. Wenn beispielsweise Imker*innen plötzlich erkranken, packt man, ohne viele Worte zu verlieren, an dem Bienenstand mit an, damit die Bienen keine Not leiden müssen und der Stand fürs nächste Jahr erhalten bleibt. Gerade die gestandenen Imker*innen des Vereins, die sich teilweise seit Jahrzehnten erfolgreich um die Honigbiene sorgen, verfolgen ihre Linie geradlinig, dennoch spürt man das Bemühen, sich auch neuen Strömungen in der Imkerei zu öffnen.

Die Mainstream-Meinung punktet bei mir ...

Ich sitze Friedrich bei einer dampfenden Tasse Tee in seiner Küche gegenüber und zweifele erstmals ernsthaft an meinem Ansinnen. Denn er schaut mich nach meinen Ausführungen zu den von mir ausgewählten Holzbeuten und der Überlegung, das Imkern vielleicht doch erst einmal auf das nächste Jahr zu verschieben, mit einer Mischung aus Mitleid und Tadel an. Schließlich holt er tief Luft: »Quatsch, es ist April, wenn du Imkerin werden willst, dann fängst du jetzt sofort an, keine Widerrede!«

Ich schlucke kurz und nicke schließlich zögerlich zustimmend. Wenn man eins unserem Vereinsvorsitzenden nicht absprechen kann, dann ist es seine Begeisterung für das Imkern. Geduldig nimmt er sich Zeit für mich und spricht mit mir ausgiebig die Anschaffungsliste für meinen Imkerstart durch. Ich habe zwar den Katalog des Bienenversandhandels vor mir liegen, aber angesichts des Imkerlateins schwirrt mir der Kopf. DNM hieß also Deutsch-Normal-Maß, aber wenn das das Normale war, warum gibt es dann noch Langstroth, Dadant, Zander und so fort? Und wo liegen die Vor- und Nachteile eines jeden dieser Rähmchenmaße?

Ist bei uns in Deutschland nicht schlichtweg alles standardisiert, sind wir nicht das Land der DIN-Norm? Doch es gilt auch: zwei Imker, vier Meinungen – und dass dieser humorige

Spruch durchaus seine ernste Bewandtnis hat, wird mir allmählich klar. Denn über Jahrzehnte hat sich in Deutschland sehr viel aus kleinen Hobby-Imkereien entwickelt, und so gibt es einfach auch eine Vielzahl unterschiedlicher Maße und Methoden, die – einmal etabliert – gewissenhaft und standhaft verteidigt werden.

Bei Friedrich lerne ich schnell, worauf es in der Imkerei offensichtlich ankommt. »Also, du willst die Bienen gescheit durch unser nasskaltes norddeutsches Schmuddelwetter bringen, da kannst du dir deine Flausen mit den Holzkisten schon mal gleich abschminken. Haben bei uns im Verein schon viele probiert, hat nie geklappt. Schimmelwaben, Brut kommt im Frühjahr nicht aus dem Quark und überhaupt – für dich als Frau viel zu schwer. Hast du so eine Kiste schon mal angehoben? Echte Quälerei. Styropor ist superleicht, ewig haltbar und vor allem perfekt gedämmt. Und als Rähmchenmaß kommt für dich nur Deutsch-Normal infrage, das haben wir alle hier im Verein, und so kannst du dich prima mit Kollegen austauschen, wenn du mal Probleme hast oder ein Volk brauchst. So, dann noch Stockmeißel, am besten so einen wie den hier, einen Smoker, Abkehrbesen ...«

Die unendlich scheinende Liste rauscht irgendwann an meinen Ohren vorbei. Aber ich verlasse Friedrich geläutert. Holzbeuten funktionieren also nicht in Norddeutschland. Soll ich es trotzdem probieren und am Ende mit verschimmelten Waben und toten Bienenvölkern im Frühjahr dastehen? Will ich die Imkerei etwa neu erfinden? Andererseits – mein Bauchgefühl sagt mir mehr als deutlich, dass ich von den Styroporkisten nicht überzeugt bin. Als wir unser altes Häuschen umbauten, entschieden wir uns bei jedem Schritt und jedem Material für

Natürlichkeit, Nachhaltigkeit und Tradition. Wenn ich also nicht in einem mit Styropor ummantelten Haus leben möchte, warum sollen es dann meine Bienen tun?

Aber vielleicht kann man das nicht so einfach miteinander vergleichen. Und vielleicht ist jetzt und hier auch der Zeitpunkt, die Sache nicht so kompliziert zu machen. Unser Leben zu vereinfachen und nicht alles zu hinterfragen, darauf hatten mein Mann und ich uns in den vergangenen Monaten geeinigt. Mit drei Kindern gibt es schließlich keinen anderen Weg, um das tägliche Chaos zu bewältigen.

Ich gebe mir einen Ruck – und zack, schon ist die Bestellung an den Imkereifachhandel raus, und wenige Tage später steht ein riesengroßes Paket auf einer Palette vor unserer Haustür.

... aber unsere Kinder sehen das anders

»Niemals!« Meine Töchter schauen mich entrüstet an. »Das ist ja der totale Sondermüll, Mama! Denk doch mal ein bisschen an die Umwelt, und überhaupt, das sieht selbst mit Farbe angemalt total schlimm aus! Und wie sich dieser Plastikkram erst anfühlt. Nein, ganz ehrlich – das geht gar nicht.«

Ich schlucke. Schon ein klein wenig stolz habe ich die neuen, schneeweißen Styroporbeuten ausgepackt und im Baumarkt bereits ein buntes Sortiment hübscher Abtönfarben gekauft. Wenn schon Styroporbeuten, dann sollen sie auf jeden Fall nicht so spießig förstergrün daherkommen, wie sie üblicherweise gestrichen sind. Und dann habe ich noch diese wunderschöne Strukturwalze mit Jugendstilmuster aus dem kleinen Geschäft in Berlin-Mitte, die liegt schon seit Ewigkeiten in meiner Malerkiste und wartet darauf, ausprobiert zu werden. Dies wäre genau der richtige Anlass, um sie endlich einzusetzen!

Die Abdeckplanen sind schon auf unserer Holzterrasse ausgelegt und flattern leicht im Wind. Es kann also eigentlich losgehen. In meiner Vorstellung ist dieser sonnige Frühlingstag der sagenhafte Beginn einer begeisterten Imkerkarriere. Und unsere Kinder werden mir vermutlich noch in Jahrzehnten erzählen, wie schön es war, als wir unsere ersten Bienenbeuten knallbunt angestrichen und mit der Strukturwalze verziert hatten.

Doch nun blicken meine Töchter mich entrüstet und zugleich leicht tadelnd an. Jetzt, da sich ihre Grundschulzeit bereits dem Ende zuneigt, werden die Themen, die sie beschäftigen, Tag für Tag ernsthafter und ihre Haltung zunehmend kritischer.

»Also, wenn wir ein Bienenvolk bekommen, dann soll ihr Zuhause auch natürlich sein und umweltfreundlich. Wir können uns doch nicht um Bienen kümmern und gleichzeitig unsere Natur mit diesem Sondermüll zerstören. Das macht doch überhaupt keinen Sinn!«

So deutlich und unbeirrbar in ihrer Haltung habe ich meine Töchter noch nie erlebt. Ich erinnere mich für einen Moment etwas wehmütig an die Zeit zurück, als die beiden noch Kindergartenkinder waren und sich uneingeschränkt für alles Neue begeisterten. Da, wo ich mich von meinen Überzeugungen für nachhaltige Materialien vielleicht zu schnell habe abbringen lassen, gibt es für unsere Kinder beim Schutz der Natur offenbar keine zweite Meinung. Die Zwillinge haben sich zwischenzeitlich schon den passenden Prospekt aus meinem Stapel an Imkereifachhandelsbroschüren herausgesucht und blättern die entsprechende Seite auf.

»Schau mal, die hier fände ich super. Und hier steht, dass diese Holzwerkstatt Menschen mit Beeinträchtigungen eine sinnvolle Arbeit bietet. Da tun wir also etwas Gutes«, sagt Merle begeistert.

»Klingt super, aber mir geht es um die Haltbarkeit des Holzes draußen«, kontere ich.

»Also, Skandinavien ist doch viel nördlicher, und da wird fast jedes Haus aus Holz gebaut. Alles eine Frage, wie das Holz geschützt wird. Hat Papa doch im Sommer in Schweden erzählt, oder?«, gibt sich meine älteste Tochter nicht geschlagen.

»Das stimmt, man muss das Holz bearbeiten. Man könnte zum Beispiel die Außenflächen mit Leinöl anstreichen, um sie gegen die Witterung zu schützen.«

»Leinöl klingt doch gut – das ist natürlich, super für das Holz und damit bestimmt auch für die Bienen. Wir helfen dir auch beim Anstreichen!«

Die Zukunft ist nachhaltig

Nicht erst an diesem Tag wird mir klar, dass diese Generation völlig anders tickt und weitaus kritischer und konsequenter ist, als wir es jemals waren. Während unsere Generation vieles noch mit einem »So sind die Dinge nun einmal« toleriert, ist die Haltung unserer Kinder ganz klar »Dann lasst es uns ändern«. Sie reden nicht nur, sie leben uns Nachhaltigkeit vor und fordern sie unnachgiebig ein. Sie nehmen ganz selbstverständlich Verpackungsboxen und Beutel mit zum Einkauf, nutzen Bienenwachstücher statt Alufolie und setzen sich nachdrücklich für den Klimaschutz ein – ganz einfach, weil Umweltschutz für sie keine leere Phrase ist, sondern sie kompromisslos nachhaltig handeln.

Und wir erleben fast ungläubig, dass diese Entschlossenheit konkret etwas bewirkt. Plötzlich ist es möglich, dass

Plastiktüten und Trinkhalme wegen des Plastikmülls im Meer und des Mikroplastiks in der Nahrungskette verboten werden. Für diese Generation sind solche Erfolge jedoch erst der Anfang.

Mit Friedrich verabrede ich bei unserem Treffen, dass ich in den nächsten Wochen meine ersten beiden Bienenvölker von ihm kaufen werde und meine Imkerkarriere tatsächlich in diesem Jahr beginnen wird. Der weitere Plan für unsere Beuten ist nun auch klar: Meine Bienen werden in meinem ersten Jahr als Imkerin in einer beerenfarbenen Styroporbeute mit himmelblauem Deckel leben, während sich die Bienen meiner Töchter, die ein eigenes Volk bekommen sollen, nachhaltig und ökologisch korrekt in einer mit Leinöl behandelten Holzbeute zusammenkuscheln. Nach einem Jahr würden wir schauen, was uns besser gefällt und wie sich die Bienen in den verschiedenen Beuten entwickeln.

Nun ist alles bis ins Detail bedacht und vorbereitet – endlich können die Bienen in unseren Garten einziehen!

ALLES ANDERS ALS GEDACHT

Wie ein Schwarm mich lehrt, dass Theorie und Praxis
zwei völlig unterschiedliche Dinge sind, und die Natur und meine
Bienen sich nicht nach einem klaren Plan richten

Mit Spanngurten und Schaumstoffstreifen ausgestattet, manövriere ich am nächsten Samstagmorgen in aller Frühe und noch ein wenig verschlafen den Bulli aus der schmalen Ausfahrt unseres Hauses. Seit Friedrich mich am Vorabend angerufen und berichtet hatte, dass meine beiden Bienenvölker für mich vorbereitet sind, kann ich es kaum erwarten, sie abzuholen. Bereits vor einigen Tagen habe ich ihm die beiden leeren Bienenbeuten vorbeigebracht, in die nun zwischenzeitlich meine Völker eingezogen sind. Ich gähne noch einmal verstohlen. Als passionierte Langschläferin muss ich mich an die frühen Uhrzeiten, die meine Imker-Rentner gern für unsere Treffen vereinbaren, erst noch gewöhnen.

Vollgepackt mit zwei großen Thermobechern, in denen der Kaffee verführerisch dampft, und einer Tüte, aus der es ebenfalls verlockend duftet, kommt nun endlich auch Klaas gut gelaunt aus unserer Haustür. Bei diesem Anblick bessert sich meine Laune schlagartig – das kann einfach nur ein großartiger Tag werden, wenn er mit heißem Kaffee und Croissants beginnt und mit meinen eigenen Bienenvölkern endet!

Klaas schwingt sich auf den Beifahrersitz, stöpselt sein iPhone an, Bruce Springsteens Stimme tönt aus den Lautsprechern, und voller Vorfreude und Tatendrang machen wir uns auf den Weg zu unseren Bienen. Eine Stunde später wuchten wir die

Bienenbeuten in unseren Garten, lockern die Spanngurte, die die Beuten auf der Fahrt sicher zusammengehalten haben, und öffnen kurz darauf das Flugloch. Zunächst zaghaft, dann immer mutiger krabbeln die ersten Bienen aus dem Stock, und nach wenigen Minuten summt und brummt es in unserem Garten bereits ganz herrlich.

Endlich ist mein Traum Wirklichkeit geworden! Unsere ersten zwei Bienenvölker stehen in unserem Garten, und ihr neues Zuhause scheint den plüschigen Brummern durchaus zu gefallen. Friedrich hat mir beim Zusammenzurren der Bienenbeuten in seinem Garten noch voller Stolz berichtet, dass eines der beiden sogar ein außergewöhnlich starkes Volk sei. Wir beobachten das ungewohnte summende Treiben gebannt, begnügen uns aber einstweilen damit, den Bienenflug am Flugloch zu betrachten, und gönnen den Bienen erst einmal ein wenig Ruhe, damit sie sich an ihr neues Zuhause gewöhnen können.

Zwei Tage später soll mein Imkerinnenleben tatsächlich beginnen, und ich bin bis in die Haarspitzen gespannt, mir endlich einen ersten Eindruck von den beiden Völkern zu verschaffen. Voller Vorfreude ziehe ich meinen neuen und noch blütenweißen Imkeranzug über, bereite den Smoker vor und lege den sattgelb glänzenden Stockmeißel bereit. Entschlossen hebe ich den Deckel an, lege ihn sorgsam zur Seite und werfe einen ersten Blick in mein Bienenvolk. Der Anblick ist überwältigend. Kaum habe ich den Deckel abgelegt, da krabbeln schon gefühlt Hunderte Bienen links und rechts aus der Beute heraus. Mein Atem geht schneller, und mein Puls erhöht sich spürbar. Mir bricht der Schweiß aus. So wuselig hat das aber in meinen Büchern nicht ausgesehen! Da waren die Bienen schön geordnet und brav in ihrer Beute geblieben, und jeder Handgriff konnte entspannt getätigt werden. Offenbar habe ich es hier mit einem totalen Chaotenvolk zu tun, das sich an keinerlei Ratgeber hält. Hier quillt einfach alles aus der Kiste heraus und wuselt wild durcheinander!

In der Imkerschule habe ich zwar vieles über die Imkerei gelernt – aber leider nur theoretisch. Der Blick in so ein Bienenvolk sieht in einer PowerPoint-Präsentation zugegebenermaßen völlig anders aus als in der Realität, wenn man den Deckel der Bienenbeute hochhebt. Geschweige denn, dass ich in dem Kurs mal ein Rähmchen in der Hand gehabt habe oder jemals eine Königin hätte suchen dürfen! Oje. Das habe ich mir alles völlig anders vorgestellt, und in der warmen Maisonne ist es mittlerweile so heiß geworden, dass ich in meinem weißen Ganzkörper-Astronautenanzug kurz vor einer Ohnmacht stehe. Hektisch knalle ich den Deckel zurück auf die Beute und flüchte ins Haus.

Dankbar willige ich ein, als der Rest der Familie kurz darauf die Stand-up-Paddling-Boards in den Bulli wirft und ankündigt, für einen Tag nach Fehmarn zu fahren. Welch eine willkommene Abwechslung zu meiner großartigen Imkerkarriere! Gesagt, getan. Wir genießen den Tag an der Ostsee, ich stecke am Strand meine Nase in die Imkerbücher und fühle mich wieder sortiert und vorbereitet für mein chaotisches Bienenvolk.

Als wir am Abend zurückkehren und ich in der Dämmerung kurz zum Bienenstand schlendere und ins Flugloch luge, herrscht friedliche Frühlingsabendstimmung. Alles ist gut. Entspannt tragen meine Bienendamen Pollen in ihre Beute, alles wirkt ruhig und harmonisch. Ich atme beruhigt auf. Morgen würde ich mir nun ganz in Ruhe beide Völker anschauen.

Mein fulminanter Start als Imkerin

»Frau Edeeeeeen, Frau Eeeeeeeeeeeeeeeeeeden!!! Ihre Biiiiiiiiiiiienen! Ihre Biiiiiiiienen brummen heute aber laut!!!« Durch die geöffnete Verandatür höre ich den gellenden Schrei unserer Nachbarin an diesem herrlichen Maimorgen glasklar. Aber auch wenn sämtliche Türen und Fenster geschlossen gewesen wären – das, was da draußen vor sich geht, ist nicht zu überhören.

Auch ohne den Aufschrei der Nachbarin ahne ich, was gerade vor sich geht. Ein ohrenbetäubendes Brummen und Summen dröhnen durch unseren Garten, und eine dunkle Wolke beschattet merklich den Himmel. Ich schreibe Tag vier meiner Imkerkarriere, und heute soll der Tag sein, an dem ich meine Bienenvölker in Ruhe durchschauen würde. So ist zumindest mein Plan. Die Temperaturen sind jetzt am Vormittag nicht mehr zu kühl, um die Beuten zu öffnen. Mein Sohn ist im Kindergarten und muss erst in einer guten Stunde abgeholt werden. Und unsere Mädchen würden kurz darauf von der Grundschule zurückkehren, also eigentlich genug Zeit, um jetzt mit der entspannten Durchsicht der beiden Bienenvölker zu beginnen. Offenbar ist nun jedoch eine Planänderung notwendig.

Nie zuvor habe ich dieses eindringliche Geräusch gehört, mir schwant aber bereits vage, was hier vor sich geht. Das laute Summen lässt keinen Zweifel daran, dass sich in unserem Garten genau in diesem Moment etwas völlig Ungeplantes abspielt und sich offensichtlich ein Bienenschwarm sammelt! Und es gibt keinen Zweifel, dass dieser Schwarm zu einem meiner beiden Bienenvölker gehört ...

Offenbar war das von Friedrich als besonders stark angepriesene Bienenvolk bereits in so ausgeprägter Schwarmstimmung gewesen und hat eine neue Königin herangezogen, dass es nun bereit ist, sich zu teilen und in unseren Garten auszuschwärmen. Jetzt im Frühsommer hat der Bienenstaat den größten Bestand an Bienen, und die natürliche Vermehrung der Bienenvölker beginnt. Es wird eng im Bienenstock, und so nutzen die Bienen den Reichtum an gesammeltem Nektar und Pollen, um sich zu teilen und auszuschwärmen. Wenn ein Bienenvolk schwärmt, verlässt die alte Königin mit etwa der Hälfte der Bienen die Beute und macht sich auf die Suche nach einem neuen Zuhause. Aus einem Volk werden also zwei Völker.

Um diese Schwarmstimmung zu unterbinden, achten Imker*innen im Frühjahr darauf, dass die Bienen genug Platz für die zahlreiche Brut und ihre Vorräte haben. Bei diesem Volk ist Freiraum offenbar schon seit Wochen Mangelware und somit alles darauf ausgelegt zu schwärmen. Kein Wunder, dass die Bienen fast aus der Beute gequollen waren, als ich sie vor wenigen Tagen öffnete. Gut gemeint von Friedrich – aber offensichtlich nicht wirklich das ideale Anfängervolk, zumindest nicht für mich ...

Jetzt gilt es jedoch zu retten, was zu retten ist. Ich schnappe meinen Imkeranzug und eile in den Garten. Nun heißt es, Ruhe und Besonnenheit auszustrahlen, insbesondere angesichts unserer Nachbarin, die vom Haus gegenüber aufgeregt aus dem Fenster im ersten Stock winkt.

»Alles unter Kontrolle, den kleinen Bienenschwarm fange ich gleich einfach wieder ein«, rufe ich ihr betont heiter zu. Angesichts der unleugbar spektakulären Situation in unserem Garten versuche ich möglichst abgeklärt, souverän und entspannt zu wirken, während ich innerlich hektisch versuche, meine Gedanken zu ordnen. All mein theoretisches Wissen, wie ein Bienenschwarm einzufangen ist, ist nämlich plötzlich wie weggeblasen.

Zugegeben, es ist ein atemberaubend kraftvolles und zugleich friedliches Spektakel, wie sich Zehntausende Bienen organisieren und in der Luft summen. Ihr Ziel ist ganz klar – zumindest daran erinnere ich mich noch aus meinen Büchern: Sie suchen zunächst in der direkten Umgebung einen Rastplatz und sammeln sich für kurze Zeit, um von dort nach einer neuen Behausung Ausschau zu halten.

Wenn sich ein Bienenvolk trennt und auszieht, dann hängen nach einer Weile etwa zwanzigtausend Bienen als Schwarmtraube an einem Baum und warten. Nur knapp dreihundert Kundschafterbienen sind derweil unterwegs und suchen den neuen Nistplatz, der über Wohl und Wehe sowie den Fortbestand des gesamten Volkes entscheidet. Findet eine dieser Bienen schließlich einen Hohlraum, dann fliegt sie zum Schwarm zurück, tanzt und wirbt unaufdringlich für ihren Platz. Nun begutachten und bewerten weitere Kundschafterinnen den Ort. Da es in unseren verdichteten Städten jedoch immer weniger hohle Bäume, verwaiste Schuppenecken oder leer stehende alte Dachböden gibt, findet sich kaum noch ein natürlicher Raum für die Bienen.

Irgendwann verdichtet sich die Suche nach einer neuen Unterkunft auf die vielversprechendsten Orte, und wenn am

Ende zwei Drittel der Bienen für einen Ort tanzen, ist es entschieden. Die überwiegende Menge, also die über zehntausend Bienen am Baum, richten sich tatsächlich nach der für die Weiterexistenz des Volkes zukunftsweisenden Entscheidung von nur ein paar Hundert Kundschafterinnen!

Diese bedingungslose Konsequenz, die unumkehrbare Entscheidung für einen Aufbruch zu treffen und alles hinter sich zurückzulassen, einzig getragen vom unerschütterlichen Vertrauen in die anderen Bienen, ist unfassbar beeindruckend. Und wenn man diese lebensbejahende Kraft und die uneingeschränkt in die Zukunft gerichtete Dynamik einmal erlebt hat, wirkt beides absolut ansteckend und inspirierend. Wenn ich zu dem Zeitpunkt nicht bereits beschlossen hätte, meinem Leben eine neue Richtung zu geben, wäre die Entscheidung spätestens jetzt angesichts des Bienenschwarms gefallen. Ich kann mir keine eindrucksvollere und überzeugendere Ermutigung vorstellen, um zu etwas Neuem aufzubrechen.

Ich hatte also höchstens noch ein, zwei Stunden Zeit, um den Schwarm einzufangen, bis er sich in sein neues Zuhause aufmachen würde. In meiner Imkerschulung hatte das Einschlagen eines Schwarmes relativ einfach ausgesehen. Der auf den PowerPoint-Bildern gezeigte Schwarm hing in einer kompakten und wohlgeordneten Traube ungefähr auf Schulterhöhe an einem jungen Obstbaum. Eine perfekte Höhe, um ihn in eine Beute einzuschlagen, selbst wenn man beim ersten Mal nicht die Königin erwischen würde und es noch ein zweites Mal probieren müsste.

Leider hat sich mein Schwarm jedoch den alten, brüchigen Holunderbaum unserer Nachbarin ausgesucht. Und er hat sich auch nicht in Schulterhöhe niedergelassen, sondern etwa in vier bis fünf Meter Höhe. Außerdem hängt der ganze Schwarm auch nicht wie erwünscht in einer kompakten Traube, sondern sammelt sich üppig verteilt über mehreren Astgabeln. Bei diesem Anblick ist mir klar, dass mein erster Schwarmfang wohl nicht ganz so leicht werden wird. Aber ihn einfach so ziehen zu lassen, kommt für mich nicht infrage.

Ich hole erst einmal eine große Ausziehleiter aus unserem Schuppen und vertiefe mich in die Gebrauchsanweisung. Bislang habe ich es unglücklicherweise immer elegant Klaas überlassen, dieses Monstrum zum Kirschenpflücken aufzustellen – der hat sich jedoch ausgerechnet an diesem Morgen für eine Woche zum Dienst verabschiedet. Also muss ich nun wohl oder übel allein mit der Leiter klarkommen.

»So schwer kann ein Ausziehmechanismus schon nicht sein«, denke ich mir. Ich richte also mit aller Kraft die Leiter auf, verliere umgehend die Balance, und rums, schon knallt die Leiter mit voller Wucht an den Baum. Die Leiter ist doch sehr viel schwerer, als ich dachte! So wirklich begeistert von dieser Störung ist mein Bienenvolk offenbar auch nicht, ein ganzer Schwarm Bienen fliegt auf und brummt verärgert über mir. Zudem schwant mir, dass ich mit der Länge der Leiter wohl nicht ganz bis zum Schwarm gelangen werde. Da fehlt noch locker ein Meter, um die Bienentraube zu erwischen.

»Das Wichtigste zuerst«, sage ich zu mir selbst. Darüber, wie ich den letzten Meter überbrücken werde, mache ich mir später Gedanken. Erst einmal muss ich diese widerspenstige Leiter vernünftig aufstellen.

Vorsichtig balanciere ich die Leiter wieder weg vom Baum und lege sie zurück auf den Rasen. Nach weiteren fünf Minuten verstehe ich den Mechanismus zumindest theoretisch, aber so lang, wie die ausgezogene Leiter nun ist, fehlen mir definitiv noch zwei kräftige Arme, um das Ding vernünftig aufzustellen.

Die Bienen hängen mittlerweile wieder großzügig im Holunder verteilt, während ich völlig geschafft auf dem Rasen liege. In meiner Not fällt mir Friedrich ein, er ist mit seinem superstarken Volk ja auch ein bisschen schuld an dem Schlamassel. Ich wähle seine Nummer.

»Hallo Stephanie, und, wie läuft es so als Neuimkerin, alles im Griff mit dem starken Supervolk? Das sind ja wirklich zwei absolute Traumvölker, die du von mir bekommen hast, haben die Damen sich denn schon gut eingeflogen? Da musst du morgen oder übermorgen auch mal durchschauen, ob alles in Ordnung ist oder die Mädels Langeweile haben und Weiselzellen bauen ...« Gott sei Dank muss sich Friedrich in diesem Moment räuspern, und so nutze ich meine vermutlich einzige Chance, zu Wort zu kommen.

»Friedrich – ich habe hier einen absoluten Notfall, das Volk ist gerade geschwärmt, und sie sitzen auf dem höchsten und brüchigsten Baum der ganzen Umgebung, ich könnte jetzt echt Hilfe gebrauchen!«, rufe ich hektisch in den Hörer.

»Du, das ist jetzt aber leider ganz schlecht bei mir, ich habe gleich eine Gemeindesitzung zur Wasserversorgung, da muss ich unbedingt hin. Weißt du was, am besten rufst du die Eva an, die wohnt doch bei dir um die Ecke, und sie soll dich doch sowieso am Anfang unterstützen. Die macht das bestimmt. So, jetzt noch viel Glück und ahoi!«

Tüüüüüüüt – das Freizeichen schallt zwar in mein Ohr, so wirklich nehme ich es aber nicht wahr. So habe ich mir das Ganze echt nicht vorgestellt! Also bleibt mir nur, bei Eva durchzuklingeln, auch wenn ich den ersten Anruf bei ihr etwas anders geplant hatte, als gleich mit einem Notruf zu starten. Aber gut, falscher Stolz und Jammern helfen angesichts der Bienentraube im Holunder jetzt nicht weiter. Und Eva und ich haben uns ohnehin bereits locker abgesprochen, dass wir uns mal treffen und zusammen meine Bienen durchschauen würden. Einmal bin ich schon bei ihr am Stand gewesen und habe ihr über die Schulter geschaut. Vielleicht hat sie ja tatsächlich Zeit, vorbeizukommen und mir zu helfen.

Keine zwei Sekunden nachdem ich ihren Kontakt gewählt habe, höre ich schon Evas Stimme – fröhlich, zupackend und vor allem immer um alle Tiere, ob groß oder klein, bemüht. »Hmm, hmmm, alles klar, kein Problem, ich komme gleich rum. Du bist im Garten? Da stehen auch deine Bienen? Perfekt. Hast du einen Eimer oder eine Kiste zum Einschlagen? Und mach doch schon mal eine Sprühflasche mit Wasser klar, dann können wir die Damen gleich ein wenig abkühlen, dass sie nicht auffliegen. Ich bin in zwanzig Minuten da, bis dahin!«

Uff, mir fällt ein zentnerschwerer Stein vom Herzen! Endlich bin ich nicht mehr allein mit meinem Schwarm und dieser Leiter – zusammen mit Eva sollte es doch machbar sein, diesen verrückten Schwarm einzufangen! Flink bereite ich die Sprühflasche vor, stelle einen Eimer bereit und blicke zum Himmel. Es ist drückend heiß, und zugleich schieben sich immer mehr dunkle Wolken heran. Das Wetter kann sich heute offenbar nicht so richtig zwischen einem strahlenden Sommertag oder einem kräftigen Gewitter entscheiden.

Herrje, mittlerweile ist auch die Zeit gerast, und ich muss dringend Tjard, unseren Kleinsten, aus dem Kindergarten abholen! Ich werfe einen kurzen Blick auf mein Fahrrad, entscheide mich dann aber angesichts der Tatsache, dass jetzt jede

Sekunde zählt, wenn ich noch eine Chance haben möchte, den Schwarm einzufangen, für unser Auto. Tjards Fahrrad werden wir bis zum nächsten Tag einfach bei der Naturgruppe stehen lassen. Ich schnappe flink den Autoschlüssel und rase quer durch unser Städtchen zum Kindergarten.

Ich habe keine Zeit zu verlieren, gleich würde Eva bei uns im Garten stehen, und ewig werden die Bienen nicht in ihrer Traube am Baum verharren. »Hoffentlich ist er schon mit dem Mittagessen fertig«, denke ich flehentlich und biege in die kleine Straße ein, die zur Naturgruppe führt. Das Glück ist tatsächlich auf meiner Seite, die Kinder spielen schon draußen, und Tjard winkt mir fröhlich über den Zaun hinweg zu.

»Tjard, schnell, ein kleiner Bienennotfall, schnapp deinen Rucksack, und los geht's!«

Die gesamte Gruppe stoppt plötzlich ihr Spiel und starrt mich mit offenen Mündern und großen Augen an, als ich durch die Gartenpforte eile. Oje, ich habe in dem Stress völlig vergessen, dass ich noch meinen Imkeranzug trage und nur den Schleier für die Autofahrt zurückgeklappt hatte! Ich muss für die Bande aussehen wie eine Außerirdische oder eine verrückte Atomwissenschaftlerin auf einer außergewöhnlichen Nuklearmission ...

Mit quietschenden Reifen eilen wir zurück nach Hause, und ich berichte Tjard kurz und knapp, was passiert ist. Kaum biegen wir auf die Auffahrt, sehe ich, dass unsere Töchter auf der Treppe vor unserer Haustür bereits auf uns warten. Und da biegt auch schon Eva entspannt und gut gelaunt um die Ecke. Mit unfassbarer Ruhe betrachtet sie zunächst das Bienentreiben am Holunder, scherzt mit den Kindern und beginnt dann, ihre Imkerjacke anzuziehen. Ich spüre erleichtert, wie sich Evas Ruhe auf mich überträgt, und bin schlagartig voller Zuversicht, dass wir es zusammen schaffen können.

Vorsichtshalber lotse ich unsere Kinder zum Baumhaus, wo sie in sicherem Abstand sind. Der Schwarm strömt eine große Ruhe aus – aber auf die Aufregung, wenn in dem Trubel nun noch ein Kind gestochen werden würde, kann ich zugegebenermaßen verzichten.

Wenn wir den Schwarm aber einfangen wollen, müssen wir ihn nun schnellstmöglich in den Eimer abfegen. Mittlerweile ist schon eine gute Stunde vergangen, nicht mehr lange und die Spurbienen würden ein neues Zuhause finden. Es hilft nichts, ich muss einfach näher an ihn herankommen, und so widmen Eva und ich uns erneut dem Ausziehmechanismus der Leiter.

Und plötzlich, wie auf ein unsichtbares Kommando hin, verändert sich die Dynamik des Schwarmes im Holunder. Gerade ruhte die Bienentraube noch nahezu reglos am Baum, als plötzlich immer mehr und mehr Bienen auffliegen. »Das war's wohl mit dem Schwarm«, sage ich leise und mit einer Spur von Bedauern. Offenbar hat das Volk eine neue, vielversprechende Behausung gefunden und will sich nun auf den Weg machen. Aber anstatt dass sie nun lehrbuchmäßig als Schwarm zu dem neu ausgekundschafteten Domizil fliegen, beginnen sie, sich über ihrem alten Bienenstock zu sammeln, und krabbeln schließlich – als ob nichts gewesen wäre – brav, folgsam und geordnet über das Anflugbrett zurück in ihre Bienenbeute! Ich kann es kaum fassen. Während wir gerade noch angespannt darüber nachsannen, wie wir den Schwarm einfangen können, nehmen uns die Mädels die Arbeit ab und krabbeln einfach so und aus eigenem Antrieb wieder zurück! Und das in einem atemberaubenden Tempo. Das ganze Schauspiel dauert keine Viertelstunde.

»Hast du so etwas schon mal erlebt?« Ich bin angesichts dieser Wendung sprachlos, und auch Eva zuckt ratlos mit den Schultern.

»Für manche Dinge bei den Bienen fehlt uns einfach jede Erklärung. Aber nehmen wir es einfach mal so hin und freuen uns, dass deine Damen so brav wieder umgedreht sind. Das wäre auch echt schwierig geworden, da oben in den Holunder reinzuklettern. Wenn du denn irgendwann mit der Leiter zurechtgekommen wärst«, neckt Eva und knufft mich in die Seite.

Ich bin nach all der Aufregung einfach erleichtert und glücklich, dass sich anscheinend alles von allein fügt. So richtig weiß ich dennoch nicht, was ich davon halten soll.

Nachdem sich alles beruhigt hat, beginnen wir, das Volk gemeinsam genau durchzuschauen, und ziehen Rähmchen für Rähmchen heraus. Denn wenn ein Volk in Schwarmstimmung ist, lassen sich meist mehrere Nachschaffungszellen finden. Tatsächlich. Dieses Volk ist bereits in einer so ausgeprägten Schwarmstimmung, dass wir 14 wunderschöne, verdeckelte Weiselzellen finden. Wären auch diese jungen Königinnen noch geschlüpft, hätte ich in den folgenden Tagen noch einige Nachschwärme erlebt. Mir reicht jedoch die Erfahrung des heutigen Tages völlig. Nach getaner Arbeit setzen wir schließlich alle Rähmchen zurück in die Zargen und legen sorgsam den Deckel auf die Beute.

Die Sorge um das Volk hat sich zumindest für heute erledigt. Die Bienen hätten kaum eine Chance als wilde Honigbienen in einem hohlen Baumstamm gehabt – zumindest keine langfristige. Verlorene Bienenvölker bekümmern Imker*innen nicht nur aufgrund des Honigverlustes, denn sie bedeuten für das Volk meist den sicheren Tod. Auch ein Schwarm, der nur wenige Varroamilben im Gepäck hat, ist belastet, und die Milbenpopulation wird sich langfristig exponentiell entwickeln. Und auch wenn das Volk eine geeignete Behausung findet, wird es mit der Zeit immer mehr geschwächt, bis es schließlich vollständig zusammenbricht. Dieses Schicksal wollte ich meinen Bienen um jeden Preis ersparen.

Nachdem sich dieses Volk also wieder brav zurückgezogen und seine Meinung geändert hat, möchte ich unbedingt noch gemeinsam mit Eva einen Blick in mein zweites Volk werfen. Mit dem Smoker puste ich zunächst ganz sanft etwas Rauch über die oberen Rähmchen in den Stock.

»Die Bienen denken jetzt, dass der Wald brennt. Sie bleiben ruhig auf den Waben sitzen und saugen ihre Honigvorräte ein, um sich für einen schnellen Aufbruch vorzubereiten, falls sie fliehen müssen«, erklärt mir Eva. »Für uns interessieren sich die Bienen jetzt herzlich wenig, und so können wir ganz in Ruhe an ihnen arbeiten.«

Eva geht Rähmchen für Rähmchen mit mir durch und macht mich auf die verschiedenen Entwicklungsstadien der Bienen aufmerksam, die ich dort entdecken kann. Da gibt es kleine weiße Stifte, die nur wenige Stunden oder Tage alt sind, kleine Maden, die sich in den Waben krümmen, sowie bereits verdeckelte Zellen, in denen fast fertige Bienen ruhen.

Es ist ein ums andere Mal eindrucksvoll zu beobachten, wie sich in einem Bienenvolk alles zusammenfügt. Dass sich die Arbeiterbienen im Bienenstock um alles kümmern und in ihrem Leben einen genau auf den Tag vorgegebenen, klar definierten Werdegang durchlaufen. Je nach Alter übernehmen sie die unterschiedlichsten Aufgaben, bis sie erst ganz am Ende ihres Bienenlebens als Sammelbienen ausfliegen dürfen. Sommerbienen leben meist nur etwa sechs Wochen und stecken ihre ganze Energie in diese kurze Lebenszeit. Im Gegensatz dazu werden die Winterbienen fast ein halbes Jahr alt, da sie ja den gesamten Winter im Stock aushalten müssen.

Die Arbeitsbienen kümmern sich um die junge Brut, putzen, schwitzen Wachs aus und bauen die Waben. Gerade die Produktion von Wachs ist für die Bienen ein echter Kraftakt. Für die Produktion von einem Kilo Wachs wird die Energie – also Zucker – benötigt, die für bis zu zehn Kilogramm Honig aufgewendet wird. Und ähnlich wie beim Honig ist auch die Wachsherstellung wirkliche Fleißarbeit: Für eine kleine Bienenwachskerze müssen die Arbeiterinnen circa sechzigtausend Wachsplättchen ausschwitzen. Darüber dürfen sie jedoch nicht ihre zahlreichen weiteren Aufgaben vergessen, wie den Bienenstock zu bewachen, Pollen und Nektar zu sammeln sowie die Königin zu pflegen, zu füttern und zu beschützen.

»Vielleicht finden wir die Königin ja mit etwas Glück«, sagt Eva zuversichtlich. Es erscheint mir ehrlich gesagt völlig utopisch, in diesem chaotisch wirkenden Gewimmel von Zehntausenden Bienen eine einzige herauszufinden. Mit sicherem Blick ist Eva aber schon fündig geworden: »Schau mal, Stephanie, hier läuft die Königin. Ich zeichne meine mit einem Pünktchen, dann finde ich sie schneller. Du kannst sie ganz einfach erkennen, denn sie ist etwas größer als die Arbeiterinnen und hat einen länglichen Hinterkörper. Diese hier ist ein wirklich wunderschönes Exemplar. Sieh mal, gerade legt sie Eier in die Zellen!«

Während wir die Königin beobachten, fährt Eva fort: »Bienen sind die wichtigsten Bestäuber für Blütenpflanzen – und weil darunter sehr viele Nutzpflanzen sind, gilt die Honigbiene nach Rind und Schwein als das drittwertvollste Nutztier für den Menschen und rangiert damit sogar vor den Hühnern. Wusstest du, dass die Flugbienen eines Bienenvolkes an einem Tag mehrere Millionen Blüten besuchen? Und dabei gehen sie äußerst effizient vor: Die Sammelbienen markieren die Blüten, die sie gerade besucht haben, mit einem chemischen Signal. Ihren Kolleginnen ist dann sofort klar, dass sie diese Blüte gar nicht mehr anfliegen müssen. Ziemlich clever, oder? Insbesondere wenn man bedenkt, dass der Honigmagen der Biene erst nach etwa zweihundert Blüten komplett gefüllt ist und sie erst dann zum Bienenstock zurückfliegen wird. So verschwendet sie keine unnötige Energie und Zeit für Landung, Prüfung und Frustrationserlebnisse.

Dabei ist die Bestäubungsleistung der Biene überwältigend: Zehntausende Blütenpflanzen könnten sich ohne die Honigbiene gar nicht vermehren – beispielsweise alle Obstbäume, aber auch viele Gemüsearten, von denen man es vielleicht gar nicht so denkt, zum Beispiel Kürbisse, Gurken, Erbsen, Blumenkohl und Brokkoli. Oder auch Pflanzen, die der Ölgewinnung dienen, wie Raps und Sonnenblumen. Und das Faszinierendste ist: Honigbienen sind absolut blütenstet, das heißt, sie bleiben einer Blütenart treu und befliegen diese in ihrer Blütephase immer und immer wieder. Wenn sie also euren Apfelbaum auserkoren haben, dann fliegen sie bei ihren weiteren Sammelflügen nicht wie andere Insekten auch mal zu dem Birnbaum nebenan, sondern bleiben ihm treu. Und wie effizient sie in ihrer Bestäubungsleistung sind, das kannst du insbesondere beim Obst super erkennen. Ein Apfelbaum, der im Frühjahr von Bienen eifrig beflogen wurde, bildet ein Vielfaches an Früchten aus. Und diese Früchte sind besonders groß und gleichmäßig, denn die Art der Bestäubung beeinflusst nicht nur die Menge, sondern auch die Qualität der Früchte. Warte mal ab, was eure Obstbäume im Sommer und Herbst an Früchten tragen werden!«

Nach dieser Schilderung bin ich von meinen Bienen noch begeisterter als zuvor und betrachte ehrfürchtig meine beiden Völker. Eva ist ein unerschöpflicher Quell an Imkerwissen, und ich freue mich sehr, dass sie sich die Zeit nimmt und mich in meinem ersten Imkerjahr begleiten wird.

Umschwirrt von meinen Bienen ist mir im ersten Jahr manches schlicht unerklärlich. Ich merke schnell, dass mein theoretisches Bücherwissen und die Praxis zwei völlig unterschiedliche Dinge sind. Denn die Natur und die Bienen verhalten sich nicht immer nach dem einen klaren Plan, sondern es gibt eine große Bandbreite an Entwicklungsmöglichkeiten. Dass genau in dieser Variabilität die größte Herausforderung und das eigentlich Spannende der Imkerei liegen, für diese Einsicht benötigte ich noch einige Jahre.

Später am Abend prasselt schließlich das Unwetter, das sich mit drückender Schwüle den ganzen Tag schon angekündigt hat, über die Ostseeküste hinweg. Fast hätte ich bei dem Lärm der trommelnden Regentropfen und des Donners das Klingeln unseres Telefons überhört.

»Hallo, ich bin es, Eva! Ich wollte dir nur kurz erzählen, dass ich gerade ein superspannendes Gespräch mit einem anderen Imker hatte. Kennst du den Leon? Ja, genau, der mit der Vespa. Du, der hat ja einen Außenstand ganz in der Nähe, und er erzählte mir, dass bei ihm genau das Gleiche passiert ist wie bei dir heute mit deinem Schwarm! Bei ihm ist auch der Schwarm ausgezogen und kurze Zeit später wieder von selbst zurück in die Beute gekehrt. Er konnte sich darauf auch keinen Reim machen, er war nur froh, dass es so ausgegangen ist. Jetzt habe ich grad noch mit einem der älteren Imker gesprochen, und der erzählte mir, dass es durchaus sein kann, dass die Schwärme aufgrund des herannahenden Tiefs und des drohenden Unwetters einfach ihre Meinung geändert haben. Dass sie schlicht und einfach die Ausweglosigkeit ihres Vorhabens erkannt und gespürt haben, dass sie keine Chance haben, so schnell vor dem Unwetter noch eine neue Behausung zu finden. Na ja, wissen werden wir es wohl nie, warum sie es sich anders überlegt haben.«

Der Bienenschwarm – ein Grund zum Schwärmen

Nach einigen Jahren Erfahrung als Imkerin, in denen klassischerweise das Verhindern des Schwarmtriebes im Vordergrund stand, bewerte ich das Schwärmen der Bienen heute differenzierter, da es eines ihrer elementaren Wesenszüge ist und ich mehr und mehr davon überzeugt bin, dass wir mit den Bienen und ihren natürlichen Bedürfnissen leben und sie unterstützen sollten, statt gegen sie zu arbeiten.

Eines der obersten Zuchtziele des Deutschen Imkerbundes ist die Schwarmträgheit, und da viele Imker*innen dieser Richtlinie folgen, werden vor allem schwarmträge, wabenstete und sanftmütige Völker vermehrt. Aber vielleicht macht gerade die Schwarmeigenschaft auch gesunde Völker aus, da es ihrem natürlichen und innersten Wesenszug entspricht?

Es gibt in der Imkereiszene zunehmend unterschiedliche Meinungen zum Schwarmtrieb. So gibt es den Verein Mellifera, zu dessen Grundsätzen die wesensgemäße Bienenhaltung gehört, die das Schwärmen als natürliches Bedürfnis des Bienenvolks respektiert. Auch die Demeter-Imker*innen beziehen die Art der Vermehrung durch Schwärme in ihre Imkerei ein – ein anspruchsvolles Thema, dem ich mich in den nächsten Jahren weiter annähern möchte. Bislang habe ich noch großen Respekt davor, denn mit einer natürlichen Vermehrung über den Schwarmtrieb zu imkern, ist äußerst anspruchsvoll und verlangt ein großes Wissen und eine präzise Beobachtung der Völker.

MEIN TRAUM VON DER STREUOBSTWIESE

Wie meine Bienen mich mit einem honigliebenden
Bären verwechseln und ich auf einer verwunschenen
Streuobstwiese den perfekten Platz für sie finde

»Und, was sagst du jetzt, Mama?« Glückstrahlend und eine
Spur triumphierend blickt Merle mich über die Holzbeute
hinweg an. Voller Neugier hat sie wenige Sekunden zuvor
den Metalldeckel und die Dämmplatte von ihrem Bienenvolk
hochgehoben. Nach dem langen und strengen norddeutschen
Winter bietet sich uns nun ein überwältigender Blick auf ein
starkes, quicklebendiges Bienenvolk.

Zwischenzeitlich habe ich bei unserem zweiten Volk den
Styropordeckel hochgehoben und zur Seite gestellt. Nun trennt
mich noch die Plastikfolie, die zwischen Deckel und Rähmchen zusätzlich isolieren soll, von dem direkten Blick in das
Bienenvolk. Durch die transparente, leicht verkittete Folie erahne ich jedoch, dass auch dieses Volk stark und gesund durch
den Winter gekommen ist. Vorsichtig schlage ich eine Ecke
der Folie um und puste sanft etwas Rauch in die obere Zarge.
Mein erster Eindruck bestätigt sich, und nach einer kurzen
Frühjahrsdurchsicht ist klar, dass sich die Völker sowohl in
der Holzbeute als auch in der Styroporbeute gut entwickelt
haben.

»Okay, ich sehe jetzt keinen großen Unterschied in der Entwicklung zwischen dem Volk in der Holzbeute und dem Volk

in der Styroporbeute. Beiden Bienenvölkern geht es prima, und das ist erst mal die Hauptsache. Die Styroporzargen sind zwar etwas leichter zu heben, aber davon abgesehen habe ich schlicht und einfach ein viel besseres Gefühl bei der Holzbeute. Ich kann es nicht ändern, Styropor fühlt sich für mich einfach falsch als Bienenbehausung an.«

»Perfekt, Mama, genauso sehe ich das auch! Ich freue mich so, also, wir bauen deine Imkerei mit Holzbeuten auf, abgemacht?«, strahlt mich Merle begeistert an.

»Abgemacht«, sage ich und freue mich insgeheim, an diesem Punkt nicht lange abzuwägen, sondern einfach meinem Bauchgefühl zu vertrauen.

Die Holzbeute fühlt sich für mich bei jedem Handgriff richtig und gut an. Ich liebe es, den Geruch des Bienenstockes und des verkitteten Holzes wahrzunehmen und zu beobachten, wie eine Holzbeute in der Natur natürlich wittert und sich verändert. Mit Propolis produzieren die Bienen selbst ein natürliches Kittharz, mit dem auch die feinsten Ritzen und Spalten im Bienenstock abgedichtet werden und das zudem gegen Bakterien und Pilze wirkt. Und anders als bei der Styroporbeute kann ich kleinere Schäden mit Holzleim und Schraubzwinge schnell selbst wieder richten. Vom Leinöl waren wir nach diesem ersten Winter jedoch nicht so recht überzeugt, hier würde es noch einige Zeit dauern, bis wir einen für uns sinnvollen und nachhaltigen Beutenschutz finden würden.

Anfängerfehler

Das Zusammenleben mit zwei Bienenvölkern in unserem kleinen Garten gestaltet sich in den ersten Wochen überraschend entspannt. In unserem verwinkelten Garten tobt das pralle Leben, zugleich herrscht ein rücksichtsvolles Miteinander. Unsere Kinder beklettern die Obstbäume, um nach Kirschen zu angeln, und schlingen ihre Slackline um jeden Baumstamm, den sie erwischen können. Dazwischen hoppeln unsere Zwergkaninchen herum und kuscheln sich am allerliebsten unter und neben die Bienenbeuten. Ob auch sie den wunderbaren Geruch der Bienenstöcke und die sie umgebende beruhigende Stimmung schätzen? Wenn ich sie manchmal vom Gartenstuhl aus beobachte, wie sie sich im Schatten der Bienenbeuten entspannt ausstrecken, mutet es fast so an.

Die Beuten haben wir mit dem Flugloch in unseren Garten ausgerichtet aufgestellt. Vor ihnen wiegt sich sanft Dünenhafer, sodass sie schnell eine sportliche Flugbahn einnehmen müssen, um an Höhe zu gewinnen. Die meisten Honigbienen, die sich an unserem Lavendel, Efeu sowie den Kirschbaum- und Apfelblüten gütlich tun, sind vermutlich eher die Nachbarbienen von Eva, denn Bienen fliegen meist zunächst ein kleines Stückchen, bis sie sich auf einer Blüte niederlassen.

An einem sonnigen Frühlingsmorgen mache ich mich mit unerschütterlich guter Laune, einem Lächeln auf den Lippen und voller Tatendrang zu meiner morgendlichen Frühstücksmöhrenrunde bei den Kaninchen auf. Nach scheinbar endlosen Regenwochen muss man bei einem solch strahlenden, heiteren Tagesbeginn einfach bester Laune sein! Ich streife mir nur schnell mein Breton-Shirt und meine Lieblingsjeans über, schlüpfe in meine Leinenschuhe und greife im Vorbeigehen noch nach meinem braunen Wollmantel gegen die Morgenkühle.

Das lange, vom Morgentau noch feuchte Gras, das merklich an meinen Knöcheln kitzelt, signalisiert mir jedoch eindeutig:

Es ist definitiv an der Zeit, wieder einmal den Rasen zu mähen. Eine Aufgabe, um die sich bei uns jeder gern drückt. Aber es hilft nichts: So groß ist unser Rasenstückchen nicht, und bei genauerer Betrachtung ist es auch mehr Moos und Klee als Rasen, denn dieser wurde beim letzten Kindergeburtstag mit der Lauge für Riesenseifenblasen erfolgreich zugrunde gerichtet. Den Spaß ist es jedoch definitiv wert gewesen!

Oberflächlich gesehen ist unser Rasen weiterhin hübsch grün anzuschauen, und für die leidenschaftlichen Fußballspiele unseres Sohnes reicht diese grüne Grundlage allemal. Nur einen Preis für englische Garten- und Rasenkunst würden wir mit ihm in absehbarer Zeit nicht gewinnen können – damit können wir aber leben. So oder so, eine kleine Kürzung würde unserem Grünstück jedoch wirklich nicht schaden.

Kurz entschlossen zerre ich den Rasenmäher aus unserem Schuppen und beginne flink, meine Runden durch den Garten zu drehen. Beim Blick auf den Bienenstand kommt mir der Gedanke, gleich auch noch die hohen Grashalme vor und neben den Bienenbeuten zu kürzen. Die Gräser sind nach dem feuchten Wetter der vergangenen Wochen mittlerweile so hoch gewachsen, dass die Bienen schon seit einigen Tagen keine freie Anflugfläche mehr haben. Zudem ist es jetzt noch so früh am Tag, dass sich noch nichts am Flugloch regt und ich die Bienen mit meiner Kürzungsaktion kaum stören werde. Gesagt, getan – schon rattere und knattere ich mit dem Rasenmäher über unseren Rasen und um die Bienenbeuten herum.

Meine Damen haben sich in den vergangenen Monaten als echte Langschläfer entpuppt. Neidvoll beobachte ich, dass die ersten Sammelbienen meist nicht vor zehn Uhr aus dem kuscheligen Stock herauskrabbeln. Irgendwie summt und brummt es heute jedoch schon deutlich früher am Flugloch, während ich noch damit beschäftigt bin, den Rasenmäher zwischen den Beuten hin und her zu bugsieren. Bevor ich mich versehe, fliegen die Bienen bereits ziemlich geschäftig um mich herum, wobei das Ganze nicht wirklich friedfertig wirkt! Tatsächlich – innerhalb von Sekunden attackiert mich eine Handvoll Bienen, und mir bleibt nichts anderes übrig, als den Rasenmäher mitten im Garten stehen zu lassen und fluchtartig in unser Haus zu stürmen. Sind meine Mädels heute einfach mit dem falschen Bein aufgestanden? Oder bin tatsächlich ich der Auslöser für diese offensichtliche Kriegserklärung?

Ein kurzer Blick in meine Bücher und eine Internetrecherche später ist klar: Ich habe mit meiner gut gemeinten Aktion gleich zwei Anfängerfehler gemacht. Die Vibrationen des Rasenmähers haben die Bienen im Stock in Unruhe versetzt, und dann muss ich ihnen mit meinem braunen Wollmantel auch noch wie ihr größter Feind vorgekommen sein. Ein großer, ungnädig tobender und honigliebender Bär mit braunem Pelz, der vor ihrem Zuhause ein ohrenbetäubendes Theater veranstaltet! Für heute habe ich meine Lektion gelernt. Das Gras um die Beuten herum werde ich in Zukunft mit unserem Handrasenmäher in Schach halten, auf solch einen Angriff kann ich in Zukunft getrost verzichten!

Blühende Rapsfelder und die Kehrseite der Massentrachten

Im Laufe des Frühjahrs stellt sich immer drängender die Frage, wo ich mit meinen zahlreicher werdenden Völkern hinziehen möchte. Auch wenn man alle naselang vom angesagten »Urban Beekeeping« liest, bei dem selbst auf Balkonen in der

Stadt geimkert wird, ist mir mittlerweile klar, dass bei dem prallen Leben, das in unserem Garten tobt, dieser definitiv zu klein für meinen rasant größer werdenden Bienenstand wird.

Ein wunderbar warmer Frühling und ein herrlicher Sommer haben im Vorjahr für perfekte Bedingungen gesorgt, und so kann ich bereits Ende April die überquellenden starken Völker gut teilen. Zweifellos – in meinem zweiten Jahr als Imkerin muss nun schnell ein zweiter Standort her, denn fast täglich kommt ein neues Bienenvolk hinzu, und ich weiß kaum mehr, wo ich für all die neuen Ableger einen Platz in unserem Garten finden soll.

Ein Acker am Rand unseres kleinen Städtchens bietet sich auf die Schnelle als neuer Bienenstand an. Der Bauer, dem das Feld gehört, hat keine Einwände, meine Bienenvölker am Ackerrand zu beheimaten. Und so verfrachte ich bereits am nächsten Tag sechs Ableger an meinen neu errichteten Außenstand. Die Völker unserer Kinder sollen in unserem Garten stehen bleiben, damit wir auch weiterhin ganz nah am Takt unserer Bienen sind. Zumindest habe ich so erst einmal eine passable Zwischenlösung gefunden, die Situation in unserem Garten entspannt und den Familienfrieden wiederhergestellt. Die Begeisterung meiner Familie für meine neue Leidenschaft ist nämlich in den vergangenen Wochen mit jedem neuen Volk, das hinzukam, merklich abgekühlt.

»Abwechslungsreich bewirtschaftete kleine Äcker, ausgewogene Blühstreifen und artenreiche Wiesen. Eine extensive Landwirtschaft mit ökologischen Ausgleichsflächen zur Förderung der Biodiversität, Tiere im Freiland und der Einsatz von nur wenigen Dünge- und keinen Pflanzenschutzmitteln«, antworte ich, wie aus der Pistole geschossen, als Klaas mich fragt, wie ich mir denn die ideale Umgebung für meinen Bienenstand vorstelle.

»Ja, ist klar«, antwortet er schmunzelnd. »Und am besten immer mit knallblauem Himmel und direktem Blick auf die Steilküste zwischen Timmendorf und Travemünde«, kommentiert er unverhohlen süffisant meinen offenbar wenig realistischen Wunsch nach einer nachhaltig bewirtschafteten Bilderbuchlandwirtschaft als ideale Umgebung für meine Bienen.

Doch die Diskrepanz zu der Landschaft, in der sich mein Übergangsbienenstand nun befindet, könnte gegenüber meiner Wunschvorstellung nicht größer sein. Im Hier und Jetzt bin ich knallhart mit der Agrar-Realität unserer norddeutschen Heimat konfrontiert. Die riesengroßen Felder, die meinen Stand umgeben, sind ausschließlich mit Weizen und Gerste, Raps und Zuckerrüben bestellt. Und natürlich mit Mais, der in unserer Gegend hektarweise angebaut wird und für die Biogasanlagen bestimmt ist. Was bleibt für meine Bienen als Nektarquelle da noch übrig? Letztlich nur der Raps – doch der verblüht Ende Mai, und es folgt noch ein langer Sommer.

Imker*innen sprechen von Trachtlücken, wenn eine Massentracht verblüht und den Bienen ein Blütenangebot fehlt, bis die nächste Tracht zur Blüte kommt. Aber um ehrlich zu sein, sind es mittlerweile keine Lücken mehr, sondern es ist eher der Normalzustand, wenn nur wenige Wochen im Jahr durch den blühenden Raps ein Überangebot herrscht, und das Einerlei der Äcker den Bienen danach nichts mehr bietet.

Gedankenverloren sitzen wir an diesem Abend in unserem Garten und beobachten seit Minuten wortlos eine Erdhummel, die scheinbar fest entschlossen ist, in unserem Garten eine verlassene Mäuseburg oder einen Maulwurfsgang für ihr Nest zu finden. Stoisch, summend und unbeeindruckt von uns fliegt sie von einem Winkel unseres Gartens in den nächsten, ohne so recht fündig zu werden. Genauso vergeblich würden meine Bienen im Sommer nach der Rapsernte nach Nektar und Pollen suchen.

»Weißt du, diese hektargroßen Monokulturen, von denen wir hier umgeben sind, sind für die Bienen eine echte Katastrophe«, platzt es schließlich aus mir heraus. Ich muss die Gedanken, die mich nicht erst seit dem Besuch an meinem neuen Bienenstand beschäftigen, unbedingt mit Klaas teilen. Vielleicht würde ich dann klarer sehen.

»Klar, die Honigbienen lieben den Raps, da sie dort drei bis vier Mal mehr Nektar und Pollen sammeln können als beispielsweise auf einer Löwenzahnwiese. Der Löwenzahn blüht schon im April, wenn sie ihre Brut versorgen müssen. Aber sie brauchen ja das ganze Jahr über Nahrung! Deswegen ist für die Bienen eine vielfältige, ausgeglichene Landschaft absolut existenziell. Es gibt beispielsweise viele Wildbienen, die können ihre Brut nur von dem Pollen einer Pflanzenfamilie aufziehen. Existiert diese Pflanze aufgrund des Biodiversitätsverlustes nicht mehr, stirbt diese Wildbiene aus. Dafür braucht es noch nicht einmal ein Pflanzenschutzmittel. Mittlerweile sind mehr als vierzig Prozent der in Deutschland vorkommenden 561 Wildbienenarten in ihrem Bestand gefährdet, und die Vielfalt in der Natur geht Jahr für Jahr immer stärker verloren.«

Mein Mann schaut mich aufmerksam an, und ich merke, wie er meinen plötzlichen, vehementen Ausbruch einzuordnen versucht. »Ganz ehrlich, so drastisch habe ich das noch nie gesehen, aber da könntest du recht haben«, nickt er mir zu.

Dankbar, dass er so offen für das Thema ist, fahre ich fort: »Dabei sind die Bienen nur ein Element in einem viel größeren Zusammenhang. Ist aber eines massiv bedroht, entwickelt sich in der Natur ein fataler Kreislauf: Die Insekten sind ja auch Nahrungsgrundlage für viele Vögel. Sterben die Insekten, geht es auch den Vögeln schlecht.« Ich sehe, dass mein Mann mit seinem Blick wieder der ungeschickt anmutenden Flugbahn der Hummel folgt. Einmal in das Thema eingetaucht, lässt mich der Gedanke der Biodiversität nicht mehr los. Und so stricke ich meinen Gedankengang weiter, denn die Auswirkungen der Massentrachten sind vielfältig.

»Weißt du, als ich das letzte Mal bei meinen Eltern zu Besuch war, habe ich doch zufällig meinen alten Mitschüler Ben getroffen, der mittlerweile eine ökologische Landwirtschaft betreibt. Ich habe auch seinen Hof besucht, und das Gespräch mit ihm hat mir wirklich die Augen geöffnet, in welchem Stil Landwirtschaft heute zumeist betrieben werden muss, um unseren Konsum zu stillen.«

»Na ja, dass die Mehrzahl der Betriebe heute keine kleinen verträumten Bauernhöfe sind, bei denen fünf Kühe auf einer Weide stehen, sondern alles größer und industrieller angepackt wird, ist dir schon klar gewesen, oder?«, erwidert Klaas eine Spur zu süffisant für meinen Geschmack. Ich blicke ihn leicht angesäuert an.

»Klar, grundsätzlich schon, aber nicht in dem Ausmaß! Natürlich sehe ich täglich die immer größeren Monokulturen, die gerade unsere norddeutsche Landschaft prägen. Aber mir war gar nicht so bewusst, wie stark die Nutzung von künstlichem Dünger die abwechslungsreiche Fruchtfolge auf den Äckern verdrängt hat. Die gibt es zwar auch noch in der konventionellen Landwirtschaft, allerdings sind dort die Fruchtfolgen eher zwei- bis dreigliedrig und lassen meistens eine Kultur flächenmäßig dominieren. Im Ökolandbau haben übliche Fruchtfolgen hingegen sechs bis zehn Glieder, und der Anbau von Zwischenfrüchten spielt eine wichtige Rolle. Ben sät beispielsweise Klee, Luzerne und Ackerbohnen aus, die zudem wichtige Trachtpflanzen für Bienen sind.«

»Das geht dann aber letztlich auch auf seinen Ertrag, oder?«, hakt Klaas kritisch nach.

»Ja, selbstredend«, räume ich ein. »Der Ertrag ist geringer und der Preis, den er für seine Produkte fordern muss, damit höher. Merkt jeder am Portemonnaie, wenn er zu biologisch angebauten Nahrungsmitteln greift. Aber er hat sich aus Überzeugung für die biologische Landwirtschaft entschieden – er konnte sich einfach nicht vorstellen, um jeden Preis den Boden auszunutzen, um Masse zu erwirtschaften. Auf seinen Äckern blühen sogar noch Ackerkräuter wie Mohn- und Kornblumen oder Wicken. Ich wünschte, du hättest gesehen, wie schön es dort aussah und wie es rundherum gesummt hat!« Ich kann meine Begeisterung tatsächlich nur schwer zurückhalten und hoffe meinen Bericht nicht zu übertrieben ausgeschmückt zu haben.

»Das stimmt schon, wenn ich an den großen Feldern entlangfahre, sehe ich weit und breit keine Ackerkräuter mehr«, stimmt Klaas mir zu. »Vermutlich sind diese aufgeräumten Felder tatsächlich dem flächendeckenden Einsatz von Pestiziden zu verdanken. Aus Sicht einer Biene müssen diese Äcker wie eine riesige Steppe wirken, dort summt und brummt schon lange kein Insekt mehr entlang und findet Nektar und Pollen«, sagt Klaas nachdenklich.

»Es ist aber nicht nur der Mangel an Ackerkräutern, der den Lebensraum der Bienen dramatisch verändert«, nehme ich den Faden dankbar auf. »Ben hat mich in unserem Gespräch auch an die herrlichen Wildblumenwiesen erinnert, die es in unserer Kindheit noch überall gab und die man heute kaum noch sieht. Oder wie selten man noch Tiere sieht, die ihre Hufe mal auf ein Feld setzen dürfen. In der industriell geprägten Landwirtschaft ist heute mit der Silagefütterung alles durchgetaktet. Eine Wiese wird im Jahr bis zu sechsmal gemäht und das Gras mittels Gärung konserviert. Klar, dass es da keine Blume mehr zur Blüte schafft und so Insekten erfreuen kann. Bei der Heufütterung in der ökologischen Landwirtschaft hingegen bleiben die Wiesen einfach länger stehen, die Blumen dürfen blühen, und die Bienen können ausreichend Nahrung finden.«

Mein Mann seufzt mühsam auf. »Stephanie, ganz ehrlich, deine Begeisterung für die ökologische Landwirtschaft und dein Enthusiasmus in Ehren, aber auch du wirst die Welt nicht in einen mit Luzernen und Wicken überwucherten Ort verändern«, sagt er schließlich.

»Das will ich auch gar nicht«, sage ich etwas lauter und vehementer, als ich es eigentlich will. »Aber es muss doch einen Weg geben, dass Mensch, Tier und Natur im Gleichgewicht miteinander leben!«

Ich blicke meinen Mann herausfordernd an, er nickt zögernd. Ich habe einfach genug davon, immer alles als gegeben hinzunehmen und permanent Kompromisse zu schließen. Gerade als ich erneut zu einem Plädoyer für die Artenvielfalt ansetzen will, bemerke ich, dass um uns herum eine fast unwirkliche Stille herrscht. Das sanfte Summen und Brummen der Hummel, das seit Minuten unser Gespräch begleitet, ist plötzlich verstummt. Sollte sie in unserem Garten doch eine Heimat für das nun im Frühjahr neu zu gründende Volk gefunden haben und mittlerweile wohlig und zufrieden eine Erdhöhle erkunden?

Im Laufe des Sommers werden auch auf dem Acker meines Bienenstandes die Auswirkungen der im konventionellen Ackerbau verwendeten Herbizide und Pestizide eklatant sichtbar. Tag für Tag, wenn ich meine Stiefel anziehe und zum Bienenstand spaziere, sehe ich, welchen Preis die Natur dafür bezahlen muss, damit die Landwirtschaft so effizient wie möglich unsere Nahrungsmittel produzieren kann. Alles, was nicht zum Anbau gehört, wird gnadenlos weggespritzt, sodass an Wildwuchs nur am äußersten Ackerrand einige riesige Disteln zu finden sind. Von einer vielfältig blühenden Wiese, vereinzelten Mohnblumen oder auch nur einem Blühstreifen kann nicht die Rede sein. Eintönige Landschaften sind die Folge dieser intensiven Landwirtschaft – und der Preis für unseren Lebensmittelkonsum. Aber habe ich mich für die Imkerei entschieden, um schon wieder Kompromisse zu machen? Ganz sicher nicht. Ich habe eine andere Vorstellung von der Natur, in der meine Bienen herumsummen dürfen. Und von dem Honig, den ich gewinnen möchte. Nur, einen Platz zu finden, der meinen Bienen all dies bietet, erscheint mir mittlerweile fast unmöglich.

Wilde Naturwiesen und üppige Blühstreifen

Völlig unvermittelt finde ich dann doch noch meinen absoluten Traumplatz. Das Glück liegt einem manchmal so direkt vor der Nase, dass man es fast nicht sieht. Genauso ergeht es mir mit meinem perfekten Bienenplatz. Und es ist, wie so oft mit den besten Dingen im Leben, in diesem Moment gar nicht geplant. Ich lerne wieder eine Lektion fürs Leben. Wenn man etwas erzwingen möchte, dann funktioniert es meistens nicht. Tritt man jedoch ein Stückchen zurück und lässt die Dinge erst mal laufen, ergibt sich das ein oder andere ganz von allein. Genauso ist es auch mit meiner Apfelwiese ... Und mit Udo. Aber das ist eine andere Geschichte.

Viele Imker*innen kennen die mühsame Suche nach einem guten Standort. So mancher Platz, der zunächst ideal erscheint, hat seine Tücken. Denn die Anforderungen an einen guten Standplatz sind vielfältig: Idealerweise ist er windgeschützt, hat eine sonnige Ausrichtung und liegt etwas abgelegen, sodass keine Wander- oder Reitwege direkt vorbeiführen und er nicht an Nachbargrundstücke angrenzt, deren Besitzer sich gestört fühlen könnten. Zugleich muss ein größerer Stand, der nicht direkt an die eigene Imkerei grenzt, gut mit dem Auto erreichbar sein, um das umfangreiche Material während der Honigernte transportieren zu können. Unabdingbar ist zudem eine abwechslungsreiche Tracht in der direkten Umgebung, genug Abstand zu benachbarten Bienenvölkern sowie eine Wasserquelle in der Nähe. Da fällt der eine oder andere Platz, der auf den ersten Blick perfekt wirkt, dann bei näherer Prüfung schnell aus der engeren Wahl heraus.

Zudem darf der Standort des Bienenstandes nicht zu großen Temperaturschwankungen unterlegen sein. Wenn die Bienenbeuten ungeschützt ohne Schatten in voller Mittagssonne stehen, haben die Bienen Probleme, den Stock ausreichend zu kühlen. Herrschen im Hochsommer im schlimmsten Fall über mehrere Tage anhaltend Temperaturen über vierzig

Grad, schaffen es die Bienen aus eigener Kraft nicht mehr, die Temperatur im Stock herunterzukühlen, und im schlimmsten Fall schmilzt ihnen das Wachs in den Rähmchen weg. Hinzu kommt: Die Bienen benötigen auch bei der Temperaturregulierung ihres Stockes viel Energie – und ihre Energiequelle ist der Honig. Das Wohlergehen des Bienenvolkes wird also stark davon beeinflusst, wie gut der Standort den Anforderungen der Bienen entspricht oder ob er ihnen zusätzlich Kraft abverlangt. Meine Aufgabe als Imkerin ist es, meinen Bienen einen geschützten Platz zu bieten, an dem sie sich ideal entwickeln können.

Nachdem ich an einem sonnigen Sommermorgen an meinem Bienenstand gearbeitet habe, stapfe ich missmutig am Ackerrand zurück. In der einen Hand halte ich den Smoker, in dem der trockene Lavendel langsam verglimmt – in der anderen Hand meinen wachsverklebten Stockmeißel. Am liebsten möchte ich in meiner Wut einfach beides an den Ackerrand schleudern. Schnurgerade aufgereiht ist das Getreide ausgesät, kein einziges anderes Pflänzchen wächst links oder rechts davon, jeglicher Wildwuchs ist totgespritzt.

Wenige Wochen zuvor blühten ringsherum noch knallgelbe Rapsfelder, meine Bienen taumelten beglückt von Blüte zu Blüte und wussten kaum, wohin sie bei der üppigen Tracht zuerst fliegen sollten. Jetzt, da der Raps reift, erblicke ich ringsherum keine einzige Blüte mehr. Und wenn ich diese Landschaft aus Sicht einer Honigbiene betrachte, dann ist es eine reine Wüste. Kein Blühstreifen, keine Wiesenblumen, kein Pollen oder Nektar sind auf dieser riesengroßen Fläche zu finden. So hatte ich mir die Umgebung für meine Bienen wirklich nicht vorgestellt. Mir ist klar: Ich brauche dringend einen anderen Platz für meine Bienen in einer ausgeglichenen, natürlich bewirtschafteten Umgebung, am besten sofort. Nur wo soll ich ein solches Idyll finden?

Ich muss meinen Kopf freibekommen, um wieder einen klaren Gedanken fassen zu können. Kurz entschlossen verstaue ich meine Imkerkiste im Kofferraum und nehme auf dem Rückweg einen kleinen Umweg über die Feldwege in Kauf. Ich fahre die herrlichen Alleen der Ostseeküste entlang und betrachte nachdenklich die Landschaft.

Überall herrscht das gleiche Einerlei, Raps grenzt an Mais, Mais grenzt an Raps, und dazwischen gibt es zur Abwechslung mal ein Getreidefeld. Bis ich schließlich an zwei alten Gutshäusern mit angrenzenden Ländereien vorbeikomme, die nach einer wechselvollen Geschichte heute Standort eines Bundesforschungsinstituts für den ökologischen Landbau von morgen sind. Hier reihen sich unbehandelte Wiesen an Äcker, die von üppigen Blühstreifen am Feldrand mit Leindotter und Buchweizen gesäumt sind. Zudem gibt es Streuobstwiesen, so weit das Auge reicht – und das alles ohne jegliche Behandlung mit Insektiziden oder Pestiziden. Die Antwort auf alle meine Fragen liegt direkt vor mir. Dies ist es, mein langersehntes Bienenparadies!

Die Streuobstwiese, auf die ich nun blicke, wäre der perfekte Platz für einen Bienenstand – warum nur bin ich nicht schon viel früher darauf gekommen? Die Landschaft wirkt nicht wie die sonst üblichen Agrarwüsten, sondern erinnert mich an die kleinen, mit abwechslungsreichen Fruchtfolgen bewirtschafteten Äcker, die ich als Schülerin lieben gelernt habe! Hier gibt es ein großes Sonnenblumenfeld neben einer

Streuobstwiese, ein Kartoffelacker ist zu erspähen, und ein Rapsfeld grenzt an eine bunte Wiese, auf der junge Kälber stehen. Wie lange habe ich schon keine Kühe mehr gesehen, die entspannt ihre Klauen auf eine Weide setzen dürfen? Bestimmt seit Jahren nicht mehr.

Zu Hause angekommen suche ich gleich die Nummer des Institutsleiters heraus und tippe sie schnell in mein Telefon. Klar, die Wahrscheinlichkeit, dass dieser Platz schon von einem Imker belegt ist, ist riesengroß. Aber ich will mein Glück zumindest probieren! Und manchmal im Leben passt überraschenderweise einfach alles – schneller als ich es glauben kann, habe ich tatsächlich eine Zusage. Ja, sie freuen sich auf eine neue Imkerin für diesen perfekten Bienenplatz! Ungläubig erfahre ich in unserem Gespräch, wie konsequent die Streuobstfläche nach naturschutzfachlichen Kriterien genutzt wird. Erst ab Juni erfolgt eine erste Mahd. Die Kräuter und Gräser können vorher aussamen und Bodenbrüter ihre erste Brut großziehen. Bienen und andere Insekten, Käfer, Spinnen, Vögel und viele weitere Baumbewohner können hier Futter oder Nistplätze finden. Nur im Winter erfolgt, wenn es nötig ist, eine Baumpflege. Das Obst wird nicht ansatzweise behandelt, auch nicht mit den im Ökolandbau erlaubten Mitteln wie beispielsweise Kupfer gegen Pilzinfektionen. Die Bäume und das Obst dürfen einfach blühen, wachsen und reif werden. Ein fauler, löchriger oder schorfiger Apfel ist halt auch mal dabei.

Bevor ich aber meine Beuten zu meiner Traumwiese bringen kann, steht noch ein klitzekleines Hindernis zwischen uns – die Bescheinigung, dass meine Völker komplett gesund und ohne Faulbrutsporen sind. Das ist die einzige und völlig nachvollziehbare Bedingung des Institutes, in die ich gern einwillige. Dafür wird den Bienenvölkern eine Probe aus den Honig- und Pollenzellen entnommen, die das Brutnest ringförmig umgeben. Da zwischen diesem Brutnest und den Vorratszellen ein intensiver Austausch durch die Bienen stattfindet, ist dies die geeignete Stelle, um insbesondere nach den Sporen der amerikanischen Faulbrut zu suchen. Die Proben werden dann eingeschickt, im Labor untersucht, und im besten Fall erhält man nach wenigen Wochen den Laborbericht mit einem unauffälligen Befund. Glücklicherweise steht am Donnerstag bereits ein Imkertreff an, da würde ich einfach den Bienengesundheitswart unseres Vereins ansprechen, um meine Völker schnell, unkompliziert und gerade beim ersten Mal auch fachgerecht zu beproben.

Kaum habe ich die schwere Tür des Eckkrugs aufgestoßen, erspähe ich bereits Friedrich mitten in dem Saal, der an den Schankraum angrenzt. Eine Reihe älterer Herren tauscht sich in kleineren Grüppchen schon rege aus. Ganz alte Schule begrüßt Friedrich mich herzlich und bugsiert mich sogleich energisch durch die Menge der versammelten Imker*innen. Schließlich deutet er auf einen älteren weißhaarigen Herrn an einem der Tische, der ins Gespräch mit einem anderen älteren Imker vertieft ist. »Sprich wegen der Futterkranzprobe einfach mal den Udo an, der erklärt dir dann alles Weitere.« Mit diesen Worten überlässt Friedrich mich meinem weiteren Schicksal.

Udo ist mir in der Tat schon in den vorherigen Sitzungen aufgefallen, da er in klarem, norddeutschem Stil und äußerst versiert über den Status quo am Bienenstand zur jeweiligen

Jahreszeit berichtet. Jetzt blickt er kurz auf, kritzelt mir ohne Umschweife seine Telefonnummer auf einen Bierdeckel und widmet sich dann weiter seinem Gespräch. Zumindest habe ich jetzt seinen Kontakt, damit kann ich arbeiten. Ich schnappe mir den Bierdeckel und verstaue ihn sorgsam in meiner Tasche. Gleich im kommenden Februar würde ich mit Udo die Futterkranzprobe ziehen, und dann wäre der Weg frei, um in meinem dritten Jahr als Imkerin zum perfekten Platz überzusiedeln!

DIE KLEINEN WUNDER IM BIENENSTOCK

Wie ich meinen Imkerpaten finde und er meinen Blick für die kleinen
Wunder im Bienenstock und im Leben schärft

Den Bierdeckel mit Udos Telefonnummer schiebe ich nun bereits seit Tagen von links nach rechts auf meinem Schreibtisch. Das neue Jahr hat längst begonnen, es ist Februar, ein echter norddeutscher Februar, und draußen ist es bitterkalt und regnerisch. Also viel zu schlechtes Wetter, um an die Bienen zu gehen, versichere ich mir selbst und atme erleichtert auf. Die langen Wintermonate ohne Kontakt zu meinen Bienen haben das Vertrauen in meine Entschlossenheit, die Futterkranzprobe mit Udo zu ziehen, offenbar stärker geschwächt, als ich es mir zugestehen will. Während des strengen Winters habe ich schon ewig keine Biene mehr gesehen, und die Imkerei scheint unendlich weit weg zu sein. Meine zwei Sommer als Imkerin sind in meiner Erinnerung mittlerweile völlig verblasst. Selbst die Streuobstwiese, die im warmen Herbstlicht noch so einladend wirkte, bietet bei den momentanen Sturmböen und dem peitschenden Regen mit ihren kahlen Baumästen einen mehr als trostlosen Anblick.

Kein Handgriff in der Imkerei erscheint mir noch vertraut. Das letzte Mal habe ich im vergangenen Spätsommer meine Völker durchgeschaut und geprüft, ob sie gesund und stark genug sind, um den Winter gut zu überstehen. Vor den Weihnachtstagen habe ich dann noch einmal flink die Beuten geöffnet, um etwas Oxalsäure zu tröpfeln, aber der Blick auf die Bienenvölker war nur ein kurzer Wimpernschlag. Ohne den direkten Kontakt zu meinen Bienen scheint meine Zielstrebigkeit, die Imkerei weiter aufzubauen, ins Stocken zu geraten.

Keine fünf Minuten später klingelt jedoch das Telefon, und am anderen Ende ist: Udo. Ich schlucke. »So, ich habe mir grad mal deine Nummer geben lassen, du hast dich ja noch gar nicht gemeldet! Wir müssen ja nun langsam fix machen, wenn wir auf Faulbrut kontrollieren wollen. Samstag war ich schon bei Hannes, wenn du Zeit hast, könnte ich gleich direkt zu dir kommen.«

Ich atme kurz ein und aus. »Morgen«, sage ich eilig. »Morgen hätte ich Zeit.« Zumindest eine kurze Galgenfrist brauche ich. Mir schwant bereits vage, was mich erwartet. Als beauftragter Gesundheitswart ist Udo vermutlich ein übereifriger und ultrakorrekter Imker, der keine alternativen Ansätze gelten lässt. Beim Anblick meiner Holzbeuten würde er wahrscheinlich schon merklich die Augenbrauen hochziehen und zu einem vehementen Plädoyer für Styropor ansetzen.

Unruhig drehe ich mich in der Nacht von der einen auf die andere Seite, wache gerädert auf und brühe mir schließlich beim ersten Sonnenstrahl einen starken Espresso auf. Aber es hilft kein Jammern und kein Selbstmitleid – ich habe mich für die natürlichen, nachhaltigen Holzbeuten entschieden und Verantwortung für die Bienen übernommen, jetzt muss ich es auch durchziehen. Also schnippele ich schnell rotbackige Äpfel, Birnen und Karotten für die Brotboxen der Kinder, bereite jedem sein Pausenbrot zu und bringe die drei zur Schule und zum Kindergarten. Jetzt ist es unaufschiebbar an der Zeit, meine eigenen Siebensachen zu packen und mich auf den Weg zum Bienenstand zu machen.

Zwei Generationen – eine Leidenschaft

Angekommen an meinem Bienenstand atme ich erst einmal tief durch. Spüre die kühle Morgenluft. Und lege los. Ich ordne zum wiederholten Mal akribisch meine Imkerkiste und befülle den Smoker. Um meine Laune zu heben, streue ich noch ein wenig getrockneten Lavendelschnitt aus dem letzten Jahr obendrauf. Sorgsam entfache ich das Feuer, und schlagartig habe ich tatsächlich meine gute Laune wieder: »Wie herrlich, das duftet so unfassbar gut nach Sommer und Sonnenschein!«, sage ich leise mit einem Lächeln auf den Lippen zu mir selbst. Der Lavendel brennt durch seine ätherischen Öle wunderbar, und der Rauch verströmt seinen herrlichen Duft.

Kaum habe ich alles perfekt vorbereitet, biegt Udo gut gelaunt und für seine achtzig Jahre ziemlich flott mit seinem Fahrrad um die Ecke. Seine Imkerjacke und die Handschuhe hat er lässig hinten auf dem Gepäckträger festgeklemmt.

»Na, mein Mädchen, das sieht hier doch schon alles super aus! Das ist ja ein Traumplätzchen für die Bienen. Vielleicht nicht mehr so im Spätsommer und Herbst, aber da müssen wir mal schauen. Ich habe mich schon gefragt, wo deine Beuten stehen. Hätte mir ja schon denken können, dass diese Bienenbeuten zu dir gehören! Du imkerst mit Holzbeuten, hab schon gehört. Wie läuft das denn so bei dir? Ich habe da ja schon so einiges gehört und gesehen, da bin ich ja wirklich mal gespannt, was du erzählst! Und, wie sind die Völker bis jetzt so über den Winter gekommen? Alles überlebt oder irgendwelche Ausfälle?«

Ich stutze. Bis jetzt war ich angesichts seines Erzählschwanks, der eine wohltuende Mischung aus Begeisterung, Souveränität und ehrlichem Interesse ist, gar nicht zu Wort gekommen. Und so stur und eigen wie befürchtet, wirkt Udo eigentlich auch nicht. Eher unfassbar nett und offen, interessiert und nicht einen Hauch voreingenommen. Vielleicht bin ich doch ein bisschen vorschnell gewesen bei meiner Einschätzung gegenüber den alteingesessenen Imkern?

Udo holt aber offenbar jetzt erst so richtig aus.

»Ich bin jetzt ja schon seit vielen Jahren Imker und Obmann für Bienengesundheit in unserem Verein, aber diesen Winter habe ich echt einen richtigen Einbruch gehabt. Das ist mir noch nie passiert, fast ein Drittel meiner Völker habe ich verloren! Du kennst ja den Schnack bei den Vereinsabenden, da gibt kaum einer zu, dass er auch mal ein Volk verliert. Totaler Blödsinn! Aber so was wie in diesem Jahr ist mir noch nie passiert. Und ich habe noch keine Erklärung, woran das liegen könnte! Die Varroabehandlung war wie immer, da habe ich auch keinen großen Milbenbefall festgestellt, und die schwachen Völker hatte ich schon im Herbst aufgelöst und vereinigt. Na, da werde ich im Frühjahr echt Arbeit haben, den Bienenstand wieder ordentlich aufzubauen ... So, genug geschnackt, jetzt wollen wir uns erst mal deine Schätzchen anschauen. Gummistiefel habe ich dabei, du hast mich ja vorgewarnt mit dem Matsch auf dem Acker. So einen feuchten Herbst und Winter haben wir aber auch echt noch nicht gehabt. Ich bin gespannt, wie der Frühling wird. So, Probenglas und Löffel hast du dabei? Dann lass uns mal los. Perfekt, ist ja schon alles an den Beuten vorbereitet! Smoker hättest du aber gar nicht anmachen müssen, die sitzen jetzt im Februar noch so eng, da fliegt nix auf, wenn wir uns ein Rähmchen ziehen.«

Entspannt öffnet Udo die Beute und zieht mit gekonntem Griff das erste Rähmchen. »Mensch, das sieht ja wunderbar aus! So ein wunderbares Bienenvolk, du bist ja die geborene Imkerin, Stephanie! Die Bienen sind bis jetzt perfekt über den Winter gekommen, und Futter haben sie auch noch genug. Kompliment, das wird ein richtig starkes Volk im Frühjahr! Und nun zeige ich dir mal, wie wir die Futterkranzprobe entnehmen. Das ist alles keine Zauberei, ich mach das einfach mal, dann siehst du genau, was ich meine.«

Beherzt schnappt sich Udo den Löffel und nimmt mit gekonntem Handgriff einen üppigen Schlag Wabenhonig aus dem Futterkranz heraus. So flink, wie Udo sich durch die Völker vorarbeitet, komme ich kaum nach, aber schnell verstehe ich, worauf es ankommt, und ohne viel Worte arbeiten wir uns zu und entnehmen von allen Völkern eine Probe. Die gemeinsame Arbeit macht großen Spaß, und Udo hat bei jedem Volk eine hilfreiche Idee oder einen interessanten Vorschlag. Zugleich interessieren ihn meine Einschätzungen, und er erkundigt sich nach den Gründen, warum ich in der Völkerführung so oder anders entschieden habe.

Um es kurz zu machen: Nach diesem Vormittag ist es um mich geschehen. Udo hat im Fluge mein Imkerinnenherz erobert, und er wird in den nächsten Jahren immer mehr zu einem unersetzbaren Ratgeber und Freund für mich werden. Mit viel Erfahrung, zugleich aber einer großen Offenheit begeistert Udo mich immer wieder mit seinem Wissen – und vor allem mit seinem Humor, nicht alles und insbesondere die eigene Imkerei nicht so ernst zu nehmen, selbstkritisch und selbstironisch dabei zu bleiben!

Aber zurück zu der Futterkranzprobe und meinem neuen Bienenstand. Denn endlich schließt sich der Kreis: Zwei Wochen nach meinem Treffen mit Udo erhalte ich die E-Mail des Labors mit der Bescheinigung, dass meine Völker gesund und frei von Faulbrutsporen sind. Glücklich, beschwingt und ein Stück erleichtert schicke ich die Datei gleich an das Institut weiter und bekomme umgehend das Okay, die Völker zur Apfelwiese bringen zu dürfen. Mein Herz hüpft vor Freude! Meine Bienen sind endlich angekommen.

Aufgeregt erwarte ich den Tag des Umzugs. Seit Wochen ist alles sorgsam vorbereitet. Geduldig warte ich in der Dämmerung an meinem alten Bienenstand, bis alle Bienen in den Stock zurückgekehrt sind. Achtsam verschließe ich die Fluglöcher mit zugeschnittenen Schaumstoffstreifen, lasse vereinzelt herumkrabbelnde Bienen noch schnell hineinschlüpfen und muss doch ein ums andere Mal das Flugloch einen winzigen Spalt wieder öffnen, da eine Nachzüglerin heimkehrt und aufgebracht summend Einlass begehrt. Schließlich herrscht jedoch völlige Ruhe, und ich bin absolut sicher, dass nun auch die letzte Biene im heimatlichen Stock ist und unser Umzug endlich starten kann.

Mittlerweile ist die Nacht hereingebrochen, und ich bin überrascht, wie finster es mitten auf dem Feld geworden ist. Am Himmel zeigt sich eine feine Mondsichel. So fest ich kann, ziehe ich die Spanngurte um die Beuten und kontrolliere ein letztes Mal die Fluglöcher. Alles ist dicht. So gut und sicher verpackt, wuchte ich die Holzbeuten schließlich auf die Kofferraumlade meines Autos und schiebe sie so weit wie möglich nach hinten. Die Sitze hatte ich zuvor zurückgeklappt und eine Folie ausgelegt – damit ist nun genug Platz für genau vier Holzbeuten. Auf dem Anhänger würden die restlichen Beuten ihren Platz finden.

Vorsichtig starte ich den Motor, und die Reise mit meiner wertvollen Fracht kann beginnen. Ich spitze meine Ohren aufmerksam und ertappe mich dabei, wie ich immer wieder prüfend in den Rückspiegel blicke. Hinter mir haben auf den umgeklappten Rücksitzen immerhin gut zweihunderttausend Bienen in ihren Beuten ihren Platz eingenommen. Mit so einer summenden Fracht auf der Rückbank unterwegs zu sein ist – zugegebenermaßen – eine spezielle Erfahrung. Ich denke angestrengt nach und versuche, jeden meiner Handgriffe in der vergangenen halben Stunde zu erinnern. Habe ich wirklich jedes Flugloch wieder sorgsam verschlossen, nachdem ich die letzten Bienen eingelassen hatte? Nicht dass durch eine Nachlässigkeit von mir die Schaumstoffstreifen verrutschen und Biene für Biene aus einer der Beuten ausbüxt – dann wäre ich in Kürze in unserem Auto von einem aufgebrachten Bienenschwarm umgeben! Ich blicke auf den Beifahrersitz und muss nun trotz meiner Anspannung lächeln. Mein Mann hat sich im Vorfeld offensichtlich ähnliche Gedanken gemacht und mir zur Sicherheit noch meine Imkerjacke eingepackt. Wie sagt er doch stets: »Better safe than sorry!«

Als ich nach einigen Kurven schließlich an einer Kreuzung halte, höre ich es im Kofferraum unüberhörbar summen und brausen. Meine Bienen sind angesichts der mit dem Umzug einhergehenden Erschütterungen offensichtlich aufgebracht und aufgeregt – sie können ja nicht ahnen, wohin die Reise sie führen wird. Dass sie eine traumhafte Umgebung mit so unterschiedlichen unbehandelten Blüten erwartet, kann ich ihnen schlecht erzählen. Doch sie werden sie in den nächsten Tagen bei ihren ersten Erkundungsflügen ja kennenlernen.

Mein Puls erhöht sich merklich, je näher ich meinem Ziel komme. Jetzt noch rasch an dem Acker vorbei, an dessen Wegrand das Franzosenkraut so üppig blüht, dann ist es gleich geschafft. Ich biege in den holprigen Feldweg ein, der zum Bienenstand führt, und kann gerade noch rechtzeitig bremsen, als unvermittelt ein junges Reh aus dem Unterholz auf den Weg springt und, angeleuchtet von den Scheinwerfern meines Autos – und vermutlich mindestens genauso erschreckt, wie ich es bin –, sekundenlang mit aufgerissenen Augen auf dem kleinen Weg verharrt. Ich atme tief durch. »Noch mal gut gegangen«, sage ich zu mir selbst, blicke erleichtert dem Reh hinterher, das nun leichtfüßig in Richtung Wald davonspringt. Mit einem kurzen Blick in den Rückspiegel vergewissere ich mich, dass auch bei den Bienenbeuten trotz meiner Vollbremsung alles in Ordnung ist.

Nur wenige Hundert Meter trennen mich und die Bienen jetzt noch von der Apfelwiese meiner Träume, aber dieser kurze Weg hat es in sich. Der kleine Feldweg ist mit riesigen Schlaglöchern nur so gespickt, und unser Wagen hüpft wie ein Känguru mit wertvoller Fracht in seiner Beuteltasche unserem Ziel entgegen. Wenn die Beuten nicht perfekt verschnürt und die Fluglöcher exakt verstopft wären, wäre jetzt wohl der Zeitpunkt, an dem die Bienen sich ihren Weg durch jedes noch so kleine Loch suchen würden! Aber im Heck des Autos bleibt alles friedlich, und so nähere ich mich langsam, aber sicher unserem Ziel. Nie zuvor habe ich mich über den Vierradantrieb so gefreut wie auf dieser unwegsamen Wiese!

Die Aufbauten aus Holzbalken habe ich glücklicherweise schon vor einigen Tagen vorbereitet, sodass ich die Beuten einfach aus dem Kofferraum und vom Anhänger an ihren neuen Platz heben kann. Der Bienenstand ist durch eine hohe Hecke windgeschützt und so zugleich vor neugierigen Blicken verborgen. Das Flugloch ist südlich ausgerichtet und die Beuten während der heißen Mittagszeit von den Obstbäumen beschattet. Hinter der Wiese fließt ein kleiner Bach entlang, an dem die Bienen frisches Wasser finden können. Und ich kann sogar mit dem Auto direkt an den Stand fahren, um die nötigen Materialien hin und her zu transportieren. Zudem gibt es genug Platz, um entspannt von hinten an den Beuten zu arbeiten. Alles, was man im Vorfeld bedenken kann, bietet dieser Platz in perfekter Weise. Nun würde die Realität zeigen, ob er auch als Standplatz geeignet ist.

Ich atme tief ein, genieße die warme Luft und den feinen Duft der frühlingshaft frisch duftenden Wiese. Noch halte ich die Fluglöcher der Beuten verschlossen und öffne zunächst nur die Spanngurte. In der Beute braust es aufgeregt, nach der holprigen Fahrt sind meine Bienen denkbar schlecht gelaunt. Ich warte noch einen Moment, bis ich den Schaumstoff aus den Fluglöchern entferne.

Am nächsten Morgen werden sich meine Bienen an ihrem neuen Standort problemlos neu einfliegen. Während sie sich in der neuen Umgebung in immer größeren Radien orientieren, fliegen sie sich genau auf das Flugloch ein. Dieses bedingungslose Einlassen auf eine völlig neue Umgebung ist kein Problem für die Bienen, und es ist absolut beeindruckend, wie sie in immer größeren Radien ihre innere Landkarte neu programmieren. Insbesondere wenn man weiß, wie empfindlich ihr fein austariertes Orientierungssystem ist. Würden die Bienen nach ihren kilometerweit reichenden Sammelflügen zurückkehren und die Beute wäre zwischenzeitlich nur ein oder zwei Meter versetzt worden, würden sie an den ursprünglichen, nun verwaisten Platz kommen und dort hilflos ihren Bienenstock suchen.

Ich breite mir eine Decke auf der Wiese aus, lege mich in das Gras neben die sorgsam nebeneinander aufgereihten Bienenbeuten und blicke in den Sternenhimmel. Meine Bienen dürfen sich nun beruhigen und sich auf das Abenteuer Apfelwiese freuen – und auch ich kann nach dieser aufregenden Fahrt durchatmen und mich entspannen. Wir sind am Ziel!

DER ANKER IST AUSGEWORFEN

Warum Imkern so zuverlässig entspannt und glücklich macht und wie ich lerne, dass es manchmal einfach nur Geduld braucht

Besondere Dinge entstehen, wenn man sie mit Leidenschaft anpackt. Und das Gefühl von Erfüllung macht sich unweigerlich breit, wenn man an etwas Echtem arbeitet. Das Gefühl tiefer Zufriedenheit, wenn beides ineinandergreift, spüre ich heute wieder, wenn ich meine Gummistiefel schnappe, auf die alte, verwunschene Streuobstwiese stapfe und meinen Imkerschleier überziehe. Glücklich, mich genau auf diesen Moment konzentrieren zu können und mich von nichts ablenken zu lassen. Diesen unvergleichlichen, wunderbaren Geruch wahrzunehmen, der einen Bienenstock umgibt, und – wenn man den Deckel anhebt – gespannt zu sein, was das Bienenvolk in den vergangenen Tagen oder Wochen geschaffen hat und ob ich als Imkerin dem Volk helfen kann. Aber um diese romantisch klingende Schilderung auch gleich wieder zu relativieren: Diese Begeisterung ist recht einseitiger Natur, denn meine Bienen interessieren sich im Normalfall erschütternd wenig für mich.

Meine Völker stehen nun schon seit einigen Wochen auf der Apfelwiese und summen glücklich in den Bäumen und über die Wiesen. Jetzt im April beginnt das Steinobst, die Mirabellen, Pflaumen, Kirschen, Pfirsiche und Aprikosen, zu blühen, und ein herrlicher Duft liegt überall in der Luft. In dieser Zeit des Frühlings ist im Bienenvolk alles auf unaufhaltsames Wachstum ausgelegt, die Bienen spüren mit jedem Tag, dass es wärmer und wärmer wird und nun Blüte um Blüte folgt. Dieses starke, überbordende Wachstum der Natur im Frühjahr bedeutet auch für mich, dass sich mein Arbeitsrhythmus grundlegend ändert. Nun beobachte ich täglich meine Bienenvölker und schaue sie wöchentlich aufmerksam durch. Genügend ausgebaute Waben für die zahlreiche Brut, ausreichende Honig- und Pollenvorräte sowie Platz, um sich in den nächsten Wochen weiterzuentwickeln, sind nun wichtig, damit die Völker zwar stark in die Tracht gehen, aber nicht sogleich mit den Honigvorräten im Gepäck schwärmen. Wenn zu diesem Zeitpunkt nicht alles miteinander im Gleichgewicht ist, besteht die Gefahr, dass das Volk hungert, die Brut nicht ausreichend versorgt wird oder es sich zu früh teilt. Unterläuft mir in dieser Phase auch nur ein klitzekleiner Fehler, hat dies direkte Konsequenzen für die Entwicklung des Bienenvolkes. Jetzt im zeitigen Frühjahr entscheidet sich, welchen Weg das Bienenvolk in dem Jahr einschlagen wird und ob es sich gesund und stark entwickelt.

Die Ostseeküste im Mai: knallblauer Himmel und strahlend gelber Raps

Bei der Frühjahrsdurchschau Ende März habe ich bereits einen Großteil der Waben erneuert und die alten, dunklen und leeren Waben entnommen. Auf den neuen strahlend gelben Mittelwänden und leeren Rähmchen ist für meine Mädels nun genug Arbeit zu erledigen, sodass bei ihnen keine Langeweile aufkommt. Ende April beginnt schließlich die Rapstracht, und mit dem Mai bricht mein Lieblingsmonat im Bienenjahr an.

Nach den langen rauen Wintermonaten und dem hier im Norden oftmals zögerlichen Frühjahr zeigt die Ostseeküste nun ihre strahlende, sanfte und auch beruhigende Seite. Fast jeden Tag zieht es mich vormittags zu den Bienen auf die üppig blühenden Rapsfelder und am späten Nachmittag mit meiner Familie ans Meer und an den Strand. Es scheint, als ob die Ostseeküste jetzt mit ganzer Kraft und mit einer fast schon überbordenden Schönheit zeigen möchte, wie heiter und gebend die Welt ist. Die Landschaft um mich herum ist für mich die Umgebung meiner Träume, mit ihr habe ich meinen Sehnsuchtsort gefunden. Und meine Bienen dürfen das ganze Jahr über die Schönheit der Ostseeküste genießen und verführerische Blüten erobern. Ich bin mir sicher: Durch die Meeresnähe kann man die Ostsee auch im Honig schmecken. In dieser Natur arbeiten zu dürfen, macht mein Herz weit. Zugleich ergibt die Arbeit als Imkerin für mich einen unmittelbaren Sinn. Ich spüre tief in mich hinein und weiß – ich bin nun in einem absoluten Gleichgewicht mit mir selbst und meinem Leben. Ein Gleichgewicht, das meine Bienen mir Tag für Tag vorleben. Die Ruhe, Ausgeglichenheit und Zufriedenheit, die mich erfüllen, machen mich von ganzem Herzen glücklich.

Den ganzen Mai über leuchtet die Lübecker Bucht in einem satten Gelb, und meine Bienen fliegen beglückt von Blüte zu Blüte. Genau zu diesem Zeitpunkt sollen nun alle Bienenvölker voller junger Bienen und frisch ausgebauter Waben sein, damit die Bienen ohne unnötige Hindernisse den Nektar einlagern können. Die Honigräume versehe ich zudem mit einigen bereits ausgebauten und ausgeschleuderten Honigwaben des vergangenen Jahres – so erleichtere ich meinen Mädels die Arbeit und erhöhe den Anreiz, den Nektar weiter in den oberen Honigraum umzulagern. In den ersten Wochen im Mai ist die Arbeit am Stand auch körperlich noch einfach zu handhaben. Die Bienen bauen die Waben in den noch federleichten Honigräumen langsam und beständig aus, und nur zaghaft wird erster Nektar eingetragen. Woche um Woche werden die Honigräume jedoch immer schwerer, bis sie am Ende der Tracht wie eine nahezu unverrückbare Last auf den Beuten thronen.

Bei den letzten Arbeiten im Spätsommer und Herbst bereite ich den Austausch der alten Brutwaben bereits vor: Ich sortiere die dunklen Waben in die untere Zarge, um mir und den Bienen die Frühjahrsdurchschau bei oftmals noch kalten Temperaturen im März zu erleichtern. Im Frühjahr sitzen die Bienen dann zumeist in der oberen Zarge auf dem restlichen Futter, sodass ich zunächst einen Zargentausch mache. Die obere Zarge kommt eine Etage tiefer auf den Gitterboden, und ich schaue sie rasch durch, ob ein schönes Brutbild erkennbar ist. Dann wird die ehemals untere Zarge aufgesetzt, in die ich im Herbst die dunklen Rähmchen sortiert habe. Diese können nun einfach aussortiert werden, bevor die Bienen den neuen Pollen eintragen. Im April haben die Bienen dann entspannt Zeit, um ihrem Naturell entsprechend wieder nach oben zu arbeiten und die neuen Mittelwände auszubauen. So ist im Bienenstock über den Jahreskreislauf hinweg alles im Gleichgewicht.

Konsequent umgesetzt können mit dem steten Austausch der Mittelwände auch Bienenkrankheiten schon im Vorfeld vermieden werden. Denn die Brutwaben werden mit der Zeit immer dunkler, weil bei jedem Schlupf einer Biene ein dünnes Häutchen in der Zelle zurückbleibt. Trotz des Putztriebes der Bienen verbleibt in den Zellen immer ein Rest des Häutchens, das den Ausbruch von Krankheiten begünstigt. Zugleich sind die Bienen mit frischen Mittelwänden bereits im Frühfrühjahr gleichmäßig beschäftigt, und ich vermeide, dass sie sich in der Rapstracht zu schnell verausgaben und ich ihnen immer mehr Platz im Honigraum geben muss. Denn dann würden die

Bienen zwar große Mengen an Pollen und Nektar eintragen und die Honigräume wären schnell voll, allerdings schaffen die Bienen es bei der Masse an Honig nicht mehr, ihn ausreichend zu trocknen. Das wäre wiederum fatal, denn ein niedriger Feuchtigkeitsgehalt zeichnet einen guten Honig aus.

Die sorgsame Frühjahrsdurchschau ist auf den ersten Blick ein eher unscheinbarer, aber unerlässlicher und aus meiner Sicht entscheidender Schritt für ausgeglichene Bienenvölker und einen hochwertigen Honig. Zu Beginn meiner Imkerkarriere waren diese Durchsichten für mich, aber vor allem für meine Bienen eine absolute Kraftanstrengung. Emsig rupfte ich alle Brutzargen auseinander und arbeitete mich eifrig Rähmchen für Rähmchen voran. Ich konzentrierte mich darauf, die Königin zu erspähen und zu sehen, wo welche Brutstadien angelegt waren, wie viel Futter noch im Volk war ... Erst Udo hat mir beigebracht, wie ich gezielt und systematisch ein Bienenvolk durchschaue. Mit seiner ruhigen, überlegten Art zeigte er mir, auf welche Dinge ich zu achten habe, um schnell und konkret Aufschluss über den Zustand des Volkes zu erhalten. Im Ergebnis gibt es bei mir nun kein langes Waben-hin-und-her-Sortieren mehr – denn letztlich bringt dies nur das sorgsam austarierte Gleichgewicht und die feine Architektur der Bienen im Stock durcheinander. Und für meine Bienen bedeutet es sehr viel Arbeit, meinen gut gemeinten Eingriff wieder auszugleichen.

Nach einigen Jahren Erfahrung reicht mir nun ein gezielter Blick in das Bienenvolk oder vielleicht das Ziehen des Drohnenrahmens und einzelner Waben. Sehe ich einen gleichmäßig ausgebauten Drohnenrahmen, verdeckte Arbeiterinnenzellen, Larven und frisch gelegte Stifte, dann weiß ich, dass die Königin da sein muss, und ein aufwendiges Suchen, bei dem ich sie möglicherweise sogar versehentlich quetsche, erübrigt sich. Mein Blick konzentriert sich darauf, ob das Bienenvolk in einem entspannten Gleichgewicht ist. Udo hat mir gezeigt, wie ich starke, gute Ableger bilde und pflege, oder auch wie ich eine Weiselprobe mache, wenn ich den Eindruck habe, dass dem Volk seine Königin abhandengekommen ist.

Eines meiner ersten Völker, das in diesem dritten Frühjahr meiner Imkerlaufbahn noch immer seine erste Königin hatte, macht mir in der Tat schon seit Wochen Kummer. Das Brutnest des Volkes ist klein und löcherig, vielleicht ist die Königin einfach zu alt und ich hätte dem Volk schon früher die Gelegenheit bieten sollen, die alte Königin zu ersetzen. Tatsächlich ist bei der nächsten Durchschau des Volkes von der alten Königin keine Spur mehr zu entdecken. Dafür findet sich eine schöne Nachschaffungszelle mitten auf einer Wabe. »Aha«, sage ich zu mir selbst, »ertappt!« Offenbar hat das Volk vor, still umzuweiseln und sich so selbst eine neue und vitalere Königin zu schaffen. Zwar etwas unüblich so früh im Jahr, aber warum nicht. Diesen naturgegebenen Plan will ich nicht durchkreuzen und notiere mir im Kalender, wann die neue Königin so weit sein müsste, dass sie ihren Hochzeitsflug absolviert hat. Genau dann sollte in dem Volk alles wieder im Gleichgewicht sein und die junge Königin ihre ersten Eier legen.

Die nächsten Tage vergehen für mich wie in Zeitlupe. An einem sonnigen Morgen ist schließlich der ersehnte Tag, den ich mir in meinem Kalender fein säuberlich notiert hatte, endlich gekommen. Aufgeregt eile ich am Stand direkt zu dem Volk mit der Mission einer stillen Umweiselung. Ich öffne vorsichtig den Deckel und ziehe gespannt und mit großer Vorfreude die ersten Rähmchen. Es ist unfassbar! Nichts, aber auch wirklich nicht der zarteste Hauch frischer Stifte ist zu sehen! Schnell ziehe ich Rähmchen um Rähmchen aus dem Stock. Es bleibt dabei – in diesem Volk ist kein einziger Stift, geschweige denn eine junge Königin zu sehen! Nur ein paar vereinzelte Bienen laufen auf den Waben und summen mich aufgeregt an. Das kann doch nicht sein! Hatte ich mich wirklich so verschätzt, und dieses ganze Volk ist nun aufgrund meiner Fehleinschätzung todgeweiht? Jetzt ist es definitiv zu spät, denn zu diesem frühen Zeitpunkt im Jahr gibt es noch keine neue Königin, die das Überleben dieses Volkes sichern könnte.

Bei aller Sorge um das Bienenvolk spüre ich in diesem Moment wieder einmal deutlich den Unterschied zu meinem früheren Leben. Ein fehlender Absatz oder ein falsch gesetztes Komma in einem Geschäftsbericht bedeutete zwar einiges an Aufregung, aber keine direkten existenziellen Konsequenzen. Ein Fehler bei der Durchsicht eines Bienenvolkes schon. Angespannt rufe ich Udo an, der sich auch direkt meldet.

»Udo, gut dass du da bist. Sag mal, hast du vielleicht Zeit, mal vorbeizuschauen? Das Volk mit der stillen Umweiselung, von dem ich dir erzählt habe, macht mir wirklich Sorgen. Da müssten jetzt eigentlich seit Tagen erste Stifte und eine Königin zu sehen sein, aber da tut sich gar nichts. Überhaupt nichts! Die aufgebrochene Nachschaffungszelle habe ich ganz sicher gesehen, aber vielleicht ist die Königin nicht von ihrem Hochzeitsflug zurückgekehrt.« Das kommt tatsächlich öfters vor, denn nur rund zwei Drittel der Königinnen kehren unbeschadet in ihr Volk zurück.

Mit seiner klaren Art und ruhigen Stimme beruhigt Udo mich auch dieses Mal schlagartig: »Nun warte erst mal ab, so schnell stirbt dir schon kein Volk weg. Aber klar, ich komm vorbei. Heute und morgen klappt das aber nicht mehr, ich bin auf dem Tennisplatz verabredet. Donnerstag gegen zehn Uhr, an deinem Bienenstand?« Ich bin beruhigt.

»Super, tausend Dank Udo, ich freue mich!« Diese zwei Tage wird mein Bienenvolk sicher noch durchhalten.

Wie versprochen biegt Udo zwei Tage später um die Ecke, während ich schon am Bienenstand werkele. Mein Sorgenvolk habe ich mich noch gar nicht anzuschauen getraut, zunächst hatte ich mich den intakten Völkern gewidmet und einige andere notwendige Arbeiten erledigt. Gemeinsam öffnen wir nun den Bienenstock, setzen die oberste Zarge zur Seite und arbeiten uns durch das Volk. Mittlerweile sind wir ein so eingespieltes Team, dass jeder Handgriff ohne viele Worte und Absprachen funktioniert. Wir wissen, wie der andere tickt, und so geht es Rähmchen für Rähmchen schnell voran.

»Ja, meine Liebe, da warst du wohl etwas ungeduldig, was?« Mit einem breiten Lächeln hält Udo mir ein Rähmchen entgegen, auf dem in nagelneu gebauten goldgelben Waben wunderschöne frische Stifte perfekt Reihe um Reihe liegen. Ich kann es nicht fassen. Dort, wo vor ein paar Tagen noch nichts zu finden war, sehe ich nun ein perfektes Brutnest! Ich habe schlichtweg nicht lange genug gewartet, oder mir ist ein Fehler in der Kalkulation unterlaufen. Einerlei, das Volk hat alles richtig gemacht. Ihre Königin ist nach dem Begattungsflug brav zurückgekehrt und befindet sich nun bereits emsig in der Eiablage.

Udo blickt mich mit einem nachsichtigen Lächeln an. »Also, mein Mädchen, bevor die Königin nach dem Begattungsflug anfängt, Eier zu legen, dauert es noch mal gut und gern drei Tage. Zunächst geht sie erst einmal über alle Waben, ohne Eier zu legen. Erst dann geht es so richtig los. Da hast du dich wohl ein bisschen verrechnet, junge Dame!« Ich nicke zerknirscht. Diese zeitliche Dimension habe ich unterschätzt – mein Bienenvolk hat sich perfekt und tadellos seine eigene Jungkönigin gezogen.

Der Imkermeister an der Imkerschule hat uns Jung-imker*innen stets nachsichtig gepredigt, dass die Bienen schon seit ewigen Zeiten ziemlich gut wissen, was sie zu tun haben. Wir müssten schon eine ganze Menge falsch machen, bis ein Bienenvolk unsere Eingriffe nicht überlebt. Offensichtlich lag er nicht so falsch mit seiner jahrelangen Erfahrung. Meine Aufgabe lautet wohl zu lernen, geduldiger mit den Bienen und mir selbst zu sein.

Vom Glück, an etwas Echtem zu arbeiten

Anders als im Marketing, als meine Tage, Wochen und Monate unerbittlich von Projekten und meinem Terminkalender diktiert wurden, lerne ich heute, den Dingen die Zeit zu geben, die sie brauchen, und bewege mich in einem natürlichen Rhythmus. Die Bienen und die Natur geben den Rahmen vor. Nichts kann ich erzwingen. Ich muss mich in Geduld und Demut üben. Mich über den gegebenen Rhythmus der Natur zu stellen, zu versuchen, sie auszutricksen oder gar gegen sie zu arbeiten – dafür ist in der Imkerei kein Platz. Ich spüre, wie die Arbeit mit den Bienen auf mich abfärbt und mich verändert. Und meine Perspektive auf das Leben ein ganzes Stück verschiebt. Dachte ich zu Beginn noch, dass es bei der Imkerei vor allem darum geht, möglichst viel über die Bienen und ihr Gemeinwesen zu lernen, werde ich mittlerweile eines Besseren belehrt.

Ich habe unterschätzt, wie sehr die Bienen mir meine eigenen Stärken und Schwächen zurückspiegeln, wenn ich aufmerksam genug hinschaue. Die Bienen zeigen mir Tag für

Tag, was in mir steckt, was ich noch lernen muss und was mir guttut. Oftmals Dinge, von denen ich es vorher noch gar nicht ahnte. Diese eine unumstößliche Wahrheit im Bienenstock, dass alles miteinander im Gleichgewicht ist, spiegelt mir unerbittlich wider, wenn ich es nicht bin. »Im Bienenvolk geht es nur zusammen«, bläut Udo mir immer wieder ein. »Das fein austarierte Gleichgewicht im Bienenvolk liegt im ständigen Geben und Nehmen.«

»So, dann markierst du dir gleich mal deine Königin.« Mit geübtem Griff schnappt sich Udo flink die Königin. »Nun noch ein Krönchen auf ihren Rücken gepinselt, und das Frollein ist perfekt!«, strahlt er mich begeistert an. Das sagt Udo so einfach, dabei spüre ich, wie mir vor Aufregung die Hände zittern. Gerade hatte ich noch Sorge, dass mein Volk ohne Weisel dem Tod geweiht war, und jetzt soll ich diese wertvolle junge Königin einfach so packen und mit dem Stift markieren! Aber es hilft nichts. Ich schlucke meine Bedenken hinunter und zeichne ihr mit einem speziellen Zeichenstift beherzt einen weißen Punkt auf den Rücken. Diese farbliche Markierung wird mir das schnelle Erkennen und Wiederfinden der Königin erleichtern. Auch ihr Alter ist für mich mit der farbigen Markierung gleich eindeutig ersichtlich, denn entsprechend ihrem Geburtsjahr wird die Königin mit einer von fünf Farben gekennzeichnet. Jedes Jahr hat seine eigene Königinnenfarbe, bis nach fünf Jahren wieder mit der Farbe des ersten Jahres begonnen wird. Zu einer Überschneidung kann es dabei nicht kommen, da eine Königin nicht älter als fünf Jahre wird.

»So, kurz trocknen lassen, und jetzt lassen wir sie ganz entspannt wieder über ein Rähmchen in das Volk reinkrabbeln.

Super – perfekt gelaufen. Stephanie, ich sag's dir immer wieder, du bist die geborene Imkerin!«

Ach, Udo wusste einfach jedes Mal meine selbstzweiflerische Imkerseele wieder aufzurichten!

Royales Superfood

Wir suchen das Volk gewissenhaft nach weiteren Nachschaffungszellen ab – meist werden fünf bis sechs angelegt –, und tatsächlich werden wir fündig. Als wir keine Verwendung mehr für die letzte haben, hat Udo eine Idee.

»Schon mal Gelée royale probiert?«, fragt er mich mit einem verschmitzten Lächeln. Und ich muss zugeben: Ich kenne Gelée royale bislang nur als Inhaltsstoff in Cremes. Da es über zahlreiche nährstoffreiche Inhaltsstoffe verfügt, die Haut hydriert und vor der Einwirkung von UV-A-Strahlen schützt, nutzt man diesen Wirkstoff gern für Kosmetikprodukte.

Udo schaut mich mit wissendem Blick an: »Der milchige Mix aus Pollen und Speichel ist mit allen möglichen Proteinen, Vitamin B, Nährstoffen, Zuckern, Fettsäuren, Enzymen sowie antibakteriellen und antibiotischen Komponenten ausgestattet. Da ist nur das Allerbeste drin, deshalb bekommt es einzig und allein nur die Königin über eine längere Zeit. Also, erst mal ist sie ja einfach eine ganz normale Made, so wie alle anderen tausend Maden auch. Theoretisch hat tatsächlich jede Bienenlarve dasselbe genetische Potenzial, um über sich selbst hinauszuwachsen. Alle Bienen bekommen in den ersten drei Tagen Gelée royale. Dann entscheidet es sich aber grundlegend. Denn nach dieser Zeit bekommt nur noch die eine Made, die zur Königin werden soll, die besondere Mischung. Es ist also letztlich nur dieses Superfood, das bewirkt, dass sie zur Königin wird. Die anderen Bienen bekommen von da an einen schlichten Honig-Pollen-Brei, der zugleich dafür sorgt, dass Gene in ihrer Entwicklung stumm geschaltet werden. Die Substanzen im Gelée royale hingegen aktivieren ein Zellprogramm, das die Entwicklung zur Bienenkönigin mit ihren außergewöhnlichen Eigenschaften aktiviert. Die Königin wird bis zu vierzigmal länger leben als ihre Schwestern und Millionen Eier legen. So, genug geschnackt, jetzt probieren wir beide das mal!«

Ohne meine Reaktion abzuwarten, zückt Udo schon ein Taschenmesser aus seiner Hosentasche und schneidet die Nachschaffungszelle geschickt auf. Ich ahne, dass mir keine Wahl bleibt, und ein bisschen neugierig bin ich zugegebenermaßen auch. Also schließe ich kurz die Augen, als Udo mir die Klinge mit der milchigen Flüssigkeit entgegenhält, und koste dieses Wundermittel. Es schmeckt ein wenig süß, fast sahnig ... Gar nicht so übel! Udo lacht, als er meinen genüsslichen Gesichtsausdruck beobachtet. »Gar nicht so schlecht das Zeug, oder?« Ich nicke, das war auf jeden Fall wieder eine besondere Erfahrung – aber ist es das nicht jedes Mal mit Udo?

Feiner Nektar, eine Spur Magie und perfektes Teamwork

Für unser nächstes Treffen haben Udo und ich uns an seinem Bienenstand im Garten verabredet. Schon seit Wochen freue ich mich darauf, denn wie immer haben sich bei mir unzählige Fragen gesammelt, die ich dringend loswerden muss. Ich parke mein Auto vor dem Haus von Udo und seiner dänischen Frau Tove, schnappe meine Imkerjacke und wäre am liebsten gleich an seinen Bienenstand gestürmt. Keine Widerrede duldend bremst Udo mich nach unserer herzlichen Begrüßung aber sogleich in meinem Enthusiasmus. Als erfahrener Imker hat er eine Haltung verinnerlicht, die ich noch zu lernen habe: erst zur Ruhe kommen, aufmerksam beobachten, sorgsam abwägen und dann irgendwann wohlüberlegt handeln.

Unvermittelt finde ich mich also an diesem Vormittag bei herrlichem Sonnenschein in Udos und Toves Garten im Strandkorb wieder, und wir genießen – mit einem kräftigen Friesentee in der Hand – erst einmal entspannt den wunderschönen Sommertag. Bei meinem Gehetze zwischen Kindergarten, Schule und Wocheneinkauf habe ich diesen bisher noch gar nicht so recht wahrgenommen.

Aber nun bin ich hier und aus jeglichem Stress und Alltag herauskatapultiert. »Udo, kannst du mir noch einmal erzählen, wie die Bienen aus dem eingetragenen Nektar den Honig zaubern? In den letzten zwei Jahren habe ich zwar knietief in den Bienenbeuten gesteckt und meinen ersten Honig geerntet, aber jeder Honig ist einzigartig. Die Blüten, die unsere Bienen anfliegen, können am gleichen Standort Jahr um Jahr unterschiedlich sein, das Frühjahr ist in einem Jahr sonnig und im anderen Jahr verregnet, was wiederum die Vegetation beeinflusst. Und wenn ich den Honig schließlich schleudere und rühre, reagiert dann auch noch jeder Honig völlig anders. Woran liegt es denn nun genau, was für ein Honig daraus wird?«

Udo lässt sich nicht lange bitten, nickt mir entspannt zu und holt zu einer längeren Erklärung aus. Und ich spüre, dass ich mich so langsam an diesen überraschend entschleunigten Vormittag gewöhne. Ich rutsche noch etwas tiefer in das gemütliche Polster hinein und nehme einen Schluck von dem köstlichen heißen Tee.

»Also der Nektar ist im Grunde eine wasserhaltige Zucker-
lösung, die die Bienen von den Blüten sammeln und zum Stock
tragen. Jetzt kommen ein Hauch Magie und perfektes Teamwork dazu: Die Biene versetzt den Nektartropfen mit ihren
körpereigenen Enzymen und gibt ihn sofort an eine Stockbiene weiter. So kann sie direkt wieder ausfliegen und sich
auf die Suche nach frischem Nektar machen. Nektar ist also
der eigentliche Grundrohstoff des Honigs. Mit ihren körpereigenen Stoffen spalten die Bienen die Saccharose in Frucht-
und Traubenzucker auf.

Die Stockbiene lagert den Nektar in einer Zelle erst einmal
zwischen, bis es ans Eingemachte geht. Denn nun muss der
Honig haltbar gemacht werden, um im Winter genügend Vorräte zu haben. Von Zelle zu Zelle wird er so lang umgetragen,
bis er seinen ursprünglich hohen Wassergehalt verliert und
damit zum perfekten, haltbaren Honig wird. Im Prinzip ver-
mischen die Bienen den Nektar mit Bienenspeichel, schlucken
ihn runter und würgen ihn wieder hoch, bis er ausreichend
dickflüssig ist. Wenn man es also genau nimmt, dann ist Honig
nichts anderes als Blütennektar vermischt mit Bienenspucke!
Das Ganze wird von der Biene noch flink mit einem Wachs-
deckel verschlossen – und schon ist der Honig auf die beste,
natürlichste und effizienteste Weise konserviert, die man sich
vorstellen kann!«

Ich schmunzele und denke an das neue Bienensabber-
Etikett, das mein Mann für seine Honiggläser gezeichnet hat.
Letztlich ist Honig tatsächlich nicht mehr und nicht weniger,
aber Glitzergold oder Goldtröpfchen klingt doch viel hübscher
und weniger ironisch-überspitzt als Bienensabber ...

Unbeirrt fährt Udo mit seiner Erklärung fort. »Eigentlich ist Honig also das Ergebnis eines langen, von perfekter Teamarbeit geprägten Komprimierungsprozesses. Für ein Kilo Honig müssen etwa drei Kilo Nektar eingetragen werden – dank der Komprimierung verliert der Honig also zwei Drittel seines Gewichtes. Den Großteil des eingetragenen Honigs verbrauchen die Bienen zur Energieversorgung im Winter und als Nahrung für sich und ihre Brut selbst, und einen kleinen Teil ernten wir Imker.«

Vegetarische Bienen und fleischfressende Wespen

»Und warum ist es so wichtig, dass wir Imker*innen den ausgewogenen Eintrag von Pollen im Blick haben?« Udo schaut mich aufmerksam an. Ja, ich kann von den kleinen Wundern im Bienenstock nicht genug bekommen und will alles wissen, am besten sofort!

»Also, mein Mädchen, der Pollen dient den Bienen ja in erster Linie als Eiweißnahrung, da Bienen keine tierische Nahrung zu sich nehmen. Und um diesen Eiweißbedarf eines Bienenvolkes zu stillen, braucht ein Volk jährlich 25 bis 30 Kilo Pollen, also eine ganz stattliche Menge. Eigentlich ist diese starke Ausrichtung auf Pollen mehr als erstaunlich, denn evolutionär stammen Bienen ja von den allesfressenden Wespen ab. Mit dem Schritt vom Raubtier zum Vegetarier hat die Biene einfach geschickt eine evolutionäre Nische besetzt! Zugleich ist sie so ein echtes Vorbild, denn sie ernährt sich nachhaltig und gefährdet nicht die Lebensgrundlage anderer Arten. Darüber hinaus unterstützt sie mit der Bestäubung sogar die natürlichen Kreisläufe!« Ich nicke zustimmend und bin wieder einmal überwältigt, wie vorbildlich die Bienen handeln.

»Im Frühjahr zeigt sich dann aber auch die Kehrseite dieses Bedarfs an Pollen, denn für die Bienen ist er gerade im Frühjahr überlebenswichtig. Im Volk sind dann zwar immer noch Honigvorräte vom vergangenen Sommer eingelagert, für die Ernährung ihrer jungen Brut benötigen sie jedoch dringend frischen Blütenstaub. Dieser muss aber erst einmal gefunden werden, und so viel Weide, Löwenzahn, Haselnuss oder Krokus blüht zu der Zeit oftmals noch gar nicht.

Man könnte denken, dass der eisige Winter den Bienen gefährlich wird, gerade wenn Schneestürme über die Beuten wehen, aber dem ist ganz und gar nicht so. Gerade der Frühfrühling birgt für die Bienenvölker die größten Gefahren – denn dann finden sie sich nach der Winterruhe schlagartig in einem unerbittlichen Wettkampf um die wenigen Blüten wieder, um genug neuen Pollen für ihre Brut zu sammeln. Die ersten Sonnenstrahlen wärmen die Beuten, und genau wie wir Menschen strömen die Bienen dann erleichtert und euphorisch nach draußen. Diese vermeintliche Wärme täuscht aber oftmals, denn die Sonne scheint nur kurz, und die Luft ist noch recht kalt. Die Bienen sind dann in großer Gefahr, vor Kälte zu erstarren, denn verhängnisvollerweise schaffen sie es oft nicht mehr zurück zum wärmenden Bienenstock. Manchmal trennen sie nur wenige Zentimeter vom rettenden Bienenstock, wenn sie vor dem Anflugbrett erstarren und einen grausamen Kältetod sterben. Wenn aber alles gut geht, dann fliegen sie mit dicken Pollenpaketen an ihren Hinterbeinen zurück in den Stock und sichern das Überleben des Volkes.« Udo macht eine kurze Pause und gießt uns Tee nach.

Meine Gedanken schweifen kurz zurück in das zeitige Frühjahr, und ich nicke zustimmend: »Ich erinnere mich an den ersten sonnigen Februartag in diesem Jahr. Da habe ich nahezu minütlich beobachten können, wie eine Biene nach der anderen vor der Beute verklammt ist und schließlich tot im Schnee lag. So ein furchtbarer Anblick, da haben sie den ganzen Winter überlebt und müssen bei ihrem ersten Ausflug ihr Leben lassen!« Ich muss kurz schlucken und greife schließlich dankbar nach dem frisch eingeschenkten Tee.

Udo nickt mir mitfühlend zu. »Da hast du recht, so kurz vor dem Ziel ist das schon tragisch, auch wenn das Bienenvolk es überleben wird. Aber der Blütenstaub ist deshalb so wichtig für die Bienenbrut, weil er kompakt das enthält, was die Bienenbabys und damit die nächste Generation, die den Fortbestand des Bienenvolks sichern wird, benötigt. Unterm Strich steckt dort genau das drin, was auch uns guttut: Vitamine, Eiweiß, Aminosäuren, Mineralsalze und Spurenelemente.«

Udo dreht sich zu mir um und lacht sein verschmitztes Lachen. »Und weißt du, was uns ebenfalls guttut und was du unbedingt probieren musst? Warte mal kurz.« Und schon verschwindet Udo in den Keller und taucht kurz danach mit zwei kleinen Gläsern auf. Nun kann ich mir ein Lächeln nicht verkneifen. Der Vormittag verspricht noch ein Stück entspannter zu werden, denn Udo hat in den vergangenen Wochen offenbar Met aufgesetzt und uns nun eine kleine Kostprobe eingeschenkt. Wir genießen einen Schluck, schweigen kurz, und schließlich fährt Udo fort: »Aber die Natur braucht nicht nur die Honigbiene, sie ist auch auf die Vielzahl der Wildbienen angewiesen. Die Honigbiene erledigt nur einen Bruchteil der Bestäubung. Und es sind jede Menge heimische Nutz- und Wildpflanzenarten, die auf die Bestäubung durch Bienen angewiesen sind, um einen reichhaltigen Fruchtansatz zu bilden.

Es scheint zudem so zu sein, dass manche der Blüten nur für einen speziellen Bestäubertyp gebaut sind. So liegen die Nektarien beim Rotklee so tief in der Blüte, dass sie nur von den langrüsseligen Hummeln erreicht werden können. Auch andere schwer zu bearbeitende Wild- und Nutzpflanzen wie Taubnessel, Fingerhut, Löwenmäulchen, Rittersporn, Ackerbohnen, Erbsen, Senf oder Luzerne werden besonders effizient von diesen Besuchern bedient. Beim sogenannten Vibrationssammeln an der Tomate und am Gartenmohn ist nämlich nicht fliegerische Eleganz, sondern schlichtweg Körpermasse gefragt, um den Pollen erfolgreich aus den Staubbeuteln zu schütteln. Zugleich haben Hummeln noch einen anderen Vorteil: Sie sind im Gegensatz zu den Honigbienen heterotherm, das bedeutet, dass sie in der Lage sind, ihre Körpertemperatur zeitweilig mithilfe von eigener Stoffwechselwärme unabhängig von der Umgebungstemperatur zu regulieren. So können Hummeln schon bei frostigen zwei Grad frühblühende Pflanzen bestäuben und helfen so, Ernteausfälle bei schlechter Witterung zu verhindern.« Ich könnte Udo noch ewig zuhören, denn es gibt so viele Facetten und Aspekte im Zusammenspiel zwischen Insekten und Natur, die atemberaubend sind.

Ich spüre immer stärker, dass mich die Imkerei verändert. Ich werde ruhiger, zufriedener, ausgefüllter. Ich habe zum ersten Mal das Gefühl, genau das Richtige zu tun. Dieses Eingebundensein in den Kreislauf der Natur ist unendlich erfüllend. Ich weiß nun, was ich will und was ich kann. Wie der weitere Weg meiner Imkerei aussieht, ist noch völlig offen. Aber das Entscheidende ist unwiderruflich geschehen: Ich habe meinen Anker ausgeworfen und einen Hafen gefunden.

WILLKOMMEN IN DER IMKERWELT

Wie ich lerne, dass die Vereinsimkerei eine schräge,
aber liebenswerte Welt für sich ist, und ich meinen
Weg zu einer nachhaltigen Imkerei finde

»Schön, dass du da bist«, schallt es mir laut und herzlich entgegen, als ich bei unserem nächsten Vereinstreffen die massive Wirtshaustür des Eckkrugs aufstoße. Zweifellos gehört der tiefe Bass meinem ehemaligen Imkerschulungskompagnon Klaus, und tatsächlich blicke ich direkt in sein offenes und fröhliches Gesicht, als ich den Raum betrete. Ich freue mich mindestens genauso, ihn wiederzusehen, und ergattere einen Sitzplatz neben ihm und seiner Frau. Zusammen haben wir seinerzeit die Imker*innen-Schulbank gedrückt, eine Fahrgemeinschaft gebildet und angeregt unsere Anfänger*innenfragen ausgetauscht. Wir haben uns lange nicht mehr gesehen, sind aber gleich wieder auf einer Wellenlänge, und in dieser Konstellation verspricht es, ein kurzweiliger Vereinsabend zu werden!

Zu Beginn meiner Imkerkarriere besuchte ich, sooft ich es einrichten konnte, den monatlichen Imkertreff. Während ich noch auf der Suche nach meinem Weg in der Imkerei bin, erweitern die Berichte der anderen Imker*innen meinen Blick auf die Imkerei, die Bienen und unsere Natur.

Der Weg zu meiner nachhaltigen Imkerei, den ich im ersten Schritt mit der Entscheidung für Materialien aus natürlichen

Rohstoffen und der Wahl meines Bienenstandes inmitten einer extensiv geführten Landwirtschaft einschlage, weckt jedoch schnell mehr Widerspruchsgeist als Verständnis. Von allen Seiten hagelt es skeptische Kommentare: »Briefst du deine Bienen morgens, auf welche Äcker sie fliegen dürfen?« »Ist doch sowieso alles natürlich, mehr Bio geht doch gar nicht!« »Holzbeuten, das ist doch eine romantische Idealisierung – alles Firlefanz.«

Vielleicht macht einen die ruhige Arbeit mit den Bienen nach einigen Jahren ein wenig eigenbrötlerisch und unaufgeschlossen gegenüber anderen Ideen. Wenn man einen Weg erst einmal eingeschlagen hat, fällt es oftmals schwer, offen gegenüber etwas Neuem zu sein.

Klaus jedoch ist immer aufgeschlossen und hat stets ein offenes Ohr für mich. Er hat, direkt nachdem er seinen Anästhesisten-Job altersbedingt an den Nagel gehängt hatte, mit der Imkerei begonnen und ist ein sorgsam arbeitender Imker, der aber auch über so viel Selbstironie verfügt, dass er über eigene Fehler lachen kann. Das und seine unzähligen spannenden Reiseberichte machen ihn für mich zu einem geschätzten Gesprächspartner. Ich erzähle ein wenig von meiner Imkerei und weihe ihn dabei auch in einige meiner Missgeschicke ein. Bei ihm bin ich sicher, dass er stets einen guten Rat hat, ohne belehrend zu sein.

»Ach Stephanie, nimm dir das mal nicht ganz so zu Herzen, da gibt es doch echt andere Geschichten. Überhaupt: Aus Fehlern lernt man! Habe ich dir schon von meinem Mottenvolk erzählt?« Ich schaue ihn verwundert an und schüttele den Kopf.

»Tja, dass bei dem einen Volk in unserem Garten etwas nicht ganz rundlief, war mir ja schon länger klar. Aber ich habe es erst mal eine Zeit so laufen lassen. Schließlich wurde mir aber beim Beobachten des ausbleibenden Treibens am Flugloch klar, dass hier ein echtes Problem ansteht. Aber einige Tage später war plötzlich ganz viel los am Flugloch. Da dachte ich, perfekt, das Problem hat sich ja scheinbar von selbst gelöst! Also schau ich in die Beute rein, und was sehe ich? In der unteren Zarge war eine Mordsräuberei im Gange, und was glaubst du, was oben los war? Da tanzten die Wachsmotten Samba! Da hatte mein gutes Volk offenbar schon vor längerer Zeit das Zeitliche gesegnet, sodass sich die Wachsmotten in aller Ruhe über die Waben hermachen konnten, während eine Etage tiefer eine summende Bienen-Räuberbande entspannt die Honigvorräte ausräumte. Ganz ehrlich? War nicht die größte Heldentat meines Imkerlebens. Passiert aber. Also, Strich drunter, daraus lernen und es beim nächsten Mal besser machen!« Ich nicke. Und hoffe, dass ich in zwanzig Jahren eine ähnlich entspannte Sicht auf die Dinge haben werde. Man kann wohl nicht alles perfekt machen, manche Fehler passieren einfach.

Nach einem genüsslichen Schluck von seinem Rotwein beginnt er noch eine zweite Geschichte zu erzählen. »Und als wir Antons Bienenbeuten letzten Monat umstellen mussten, hast du davon schon gehört?« Ich schüttele den Kopf und bin gespannt, was er nun erzählt.

»Also Anton musste ganz plötzlich vier seiner Beuten umstellen. Weil alles von heute auf morgen passieren musste, habe ich ihm natürlich geholfen. Und du kennst ja Antons alte Beuten, der imkert ja mit Böden aus Holz. Und die sind mindestens so alt, wie er schon imkert, also sechzig Jahre haben die locker auf dem Buckel. Eigentlich alles wunderbar, da herrschen bestimmt perfekte Bedingungen für den Bücherskorpion, der sich auf natürliche Weise der Varroamilbe annimmt! Also, wir stopfen das Flugloch zu und zurren den Spanngurt fest, das passt also alles. Ich hebe die Beute beherzt hoch, ganz so schwer sind die zwei Brutzargen nicht. Dann fasse ich noch mal richtig unter den Boden, um die Beute gut bis zum Wagen tragen zu können. Das Nächste, was ich höre, ist ein lautes Krachen, und der alte Holzboden zerbröselt mir unter den Händen. Mit einem Schlag rauschen Hunderte Bienen unten aus der Beute raus! Meine Jeans war vollkommen bedeckt von den Damen, und innerhalb der nächsten Sekunden haben sie ihren Unmut über dieses unsanfte Rütteln auch deutlich an mir ausgelassen. Ich konnte die Jeans nur noch mit einem energischen Ruck von der Haut lupfen und schauen, dass ich davonkam!«

Klaus kassiert an diesem Abend noch einiges an freundschaftlichen Sprüchen – dabei ist jedem und jeder von uns bewusst, dass das ein oder andere Malheur einfach passiert. Dass ich die Geschichte in ein paar Tagen noch übertreffen werde, ahne ich an dem Abend noch nicht. Zum Glück.

Anders als geplant: Umzug mit Bienen

Und das passiert so: Eva bietet mir an, zwei ihrer Bienenvölker zu übernehmen – und ich willige freudig ein. Ihr Bienenstand liegt idyllisch an einem der kleinen Teiche unseres Städtchens, etwas versteckt am Rand einer großen Wiese. Da sie für ein paar Tage in den Ferien verreist, hat sie mir die beiden Beuten an ihrem Stand kurzerhand markiert, sodass wir sie an einem der nächsten Abende einfach abholen können. Selbstredend möchten alle Kinder bei dem Abenteuer dabei sein, und so nutzen wir einen der nächsten lauen Sommerabende für den Umzug. Ich werfe meine Imkerjacke und die Handschuhe in meine Imkerkiste und packe schließlich noch eine Sackkarre in den Kofferraum, um die schweren Bienenbeuten entspannt über die Wiese zu transportieren.

Dass es zwischenzeitlich stockdunkel geworden ist, schmälert unseren Tatendrang kaum. Wir genießen den kleinen Ausflug in der Kühle der Nacht und suchen, mit Stirnlampen ausgestattet, auf der bereits dunklen Wiese den Weg zu den Beuten. Evas Bienenstand habe ich bereits des Öfteren bei Tageslicht besucht und die Wiese dabei deutlich ebener in Erinnerung. In der Dunkelheit stolpern wir nun mit unserer Sackkarre im Schlepptau von Maulwurfshügel zu Maulwurfshügel unserem Ziel entgegen. Als unsere Kinder am unteren Ende der Wiese den Bienenstand erspähen, rennen sie mit ihren Gummistiefeln durch das hohe Gras auf dem schnellsten Weg dorthin. Wir schlendern entspannt hinterher, und nachdem Klaas und ich bei den Beuten angekommen sind, verschließe ich sogleich die Fluglöcher und beginne, den Spanngurt um die erste Beute zu ziehen.

»Ich bin hier ruckzuck mit dem Verschließen der Fluglöcher und dem Zusammenzurren der Beuten fertig, dann kannst du die schon gleich zum Bulli bringen«, sage ich, während ich den Spanngurt durch die Schnalle fädele. Klaas nickt mir zu. »Muss ich noch irgendetwas wissen? Ist ja das erste Mal für mich, dass ich so viele Bienen transportiere. Rausfliegen kann da nirgendwo etwas, oder? Sonst ziehe ich doch besser meinen Imker-Overall an.«

Seine sonst so entspannte Stimme klingt etwas unruhig. Ich schüttele den Kopf. »Unsinn, für die kurze Aktion kannst du ruhig in Shirt und Shorts bleiben. Es fliegt ja keine einzige Biene mehr herum, also alles ganz easy. Schau, Evas Beuten sind ganz ähnlich wie meine, nur die Böden sind ein bisschen anders aufgebaut, aber das Prinzip ist das gleiche. Hier unten ist der Boden, in der kleinen Mulde liegt ein Metallgitter, vorn ist das Flugloch mit Schaumstoff geschlossen, oben ist ein Deckel fest drauf. Und rundherum habe ich den Spanngurt festgezogen. Wird bestimmt eine etwas wackelige Geschichte über diese Wiese, aber passieren kann da sicher nichts.«

Erleichtert nickt Klaas mir zu, und schon hieven wir die erste Beute auf die Sackkarre. Die Kinder springen aufgeregt um uns herum und folgen fröhlich Klaas, als er sich mit der ersten Beute auf den Weg zum Bulli macht.

Ich wende mich konzentriert der zweiten Beute zu und suche den zweiten Spanngurt in meiner Imkerkiste. Verdammt, ich hatte doch ganz sicher zwei Spanngurte eingesteckt! Ich krame im Schein meiner Stirntaschenlampe weiter in der Kiste, ermahne mich selbst, sie morgen endlich aufzuräumen, und finde schließlich auch den zweiten Gurt. Nun kann es endlich weitergehen!

Aber was ist das für ein Geräusch? Ist das ein aufgebrachtes Käuzchen, das da ruft, oder schreit da jemand? Während ich noch versuche, den immer schriller klingenden Schrei einzuordnen, laufen mir zwei unserer Kinder wild rufend und gestikulierend über die Wiese entgegen, während die Lichter ihrer Stirnlampen wie kleine Glühwürmchen in der Nacht tanzen. Auf die wilden und hektischen Schreie kann ich mir jedoch weiterhin keinen Reim machen, ich höre nur bruchstückhafte Wortfetzen, die keinerlei Sinn ergeben. Laut und aufgeregt stürmen sie auf mich zu: »Mama, die Bienen! Die

Bienen fliegen! Überall sind Bienen! Und die sind völlig aufgebracht und wild! Komm schnell zum Bulli, Papa ist schon völlig zerstochen!«

Ich kann mir nicht im Traum vorstellen, was mit der Beute passiert ist. Alles war doch perfekt gesichert gewesen, ich hatte es selbst zweimal kontrolliert! Ich lasse Stockmeißel und Spanngurt fallen und renne, so schnell ich kann, über die Wiese zurück zu unserem Bulli.

Schon von Weitem sehe ich meinen Mann aufgeregt um den Wagen hüpfen und dabei abwehrend wild um sich schlagen. Dabei versucht er ebenso hektisch wie offensichtlich vergeblich, sein T-Shirt über den Kopf zu ziehen. Als ich näher komme, sehe ich schließlich das ganze Desaster. Von Kopf bis Fuß klammern sich die Bienen an ihn, und er brüllt mir völlig aufgebracht entgegen: »Ganz ehrlich, Stephanie! Was hast du mit der Beute gemacht! Die Bienen sind überall! Die krabbeln alle unten aus der Beute raus! Von wegen alles dicht und gar kein Problem. Hilf mir verdammt noch mal, ich bin von oben bis unten komplett zerstochen!«

Ich schlucke und bin fassungslos. Aber Zeit zum Nachdenken habe ich jetzt nicht. Erst muss mein Mann und dann müssen meine Bienen gerettet werden. Nachdem ich ihn leidlich abgefegt und von den letzten Bienen befreit habe, kümmere ich mich um die Beute und um die aufgeregten Bienen. Immer noch krabbeln Einzelne von ihnen unten aus der Beute heraus, aber die größte Aufregung scheint sich gelegt zu haben. Ich kippe die Beute vorsichtig an und versuche, mir ein Bild davon zu machen, was passiert ist. Schon auf den ersten Blick ist offensichtlich, dass der Gitterboden an einer Seite aus irgendeinem Grund nahezu vollständig eingedrückt ist. Offenbar sind die Bienen dort herausgekrabbelt. Aber wie ist dieses Loch entstanden? Beim Festzurren hatte ich doch überprüft, dass der Boden fest eingelegt war. Die Frage nach dem Warum muss jetzt jedoch warten, zunächst muss ich das Gitter wieder gerade biegen und zurück an seinen Platz bugsieren, damit Ruhe im Stock einkehrt. Nach einigem Hin und Her schaffe ich es schließlich, und alles ist wieder an Ort und Stelle. Nun würde ich die Beute noch ein Stückchen zur Seite stellen, denn hier mitten auf dem Parkplatz kann sie über Nacht nicht stehen bleiben. Nebenbei trage ich noch einige verirrte, vereinzelt herumkrabbelnde Bienen zurück in den Stock. Morgen ganz in der Frühe, wenn sich alles beruhigt haben würde, könnte ich die Beuten hoffentlich ohne irgendwelche weiteren Vorkommnisse auf die Apfelwiese bringen. Schließlich verfrachte ich meine Imkerkiste und die im Gras liegende Sackkarre zurück in den Bulli.

Nachdenklich betrachte ich für einen Moment die Sackkarre und halte kurz inne. »Meinst du, dass vielleicht die Gabeln der Sackkarre den Beutenboden eingedrückt haben ...?«, frage ich zögerlich und blicke Klaas fragend an. Er nickt unmerklich. »Und als ich sie dann über die ganzen Maulwurfshügel gezogen habe, konnten die ersten durchgerüttelten Bienen durch den eingedrückten Spalt an der Seite hindurchschlüpfen. Noch ein paar Maulwurfshügel weiter war der Boden dann so weit verrutscht, dass eine breite Lücke entstanden war. Und als ich schließlich die Beute hochgehoben habe und in den Kofferraum heben wollte, war das dann auch für die letzten durch den unsanften Transport aufgebrachten Bienen der Startschuss, herauszukrabbeln.«

Mein Mann schlägt sich mit der Hand vor die Stirn. »Oh nein, was für eine unfassbare Aktion von uns beiden.« Wir blicken uns an und müssen lachen – und auch unsere Kinder können sich jetzt nach all der Anspannung nicht mehr halten. Schade um die Bienen, die bei dieser unnötigen Aktion nicht mehr zurück in die Beute gefunden und ihr Leben gelassen haben, aber wir haben wieder eine Lektion gelernt!

Kaum sind wir zu Hause, beginnt Klaas, im Keller zu basteln. Alle Bienenstiche sind schlagartig vergessen. Solch eine Aufregung soll mir am nächsten Morgen nicht noch einmal passieren. Er konstruiert kurzerhand eine ebenso simple wie effiziente Verlängerung für die Sackkarre, sodass die Platte sich auch bei unwegsamem Gelände nicht in die Beuten eindrücken kann.

Und tatsächlich: Als ich am nächsten Morgen mit meinen Gummistiefeln durchs taunasse hohe Gras laufe und die zweite Beute zum Bulli transportierte, funktioniert alles wunderbar. Das hätten wir also auch einfacher haben können!

Auch wenn diese Erfahrungen aus den ersten Jahren meiner Imkerei im Rückblick an der ein oder anderen Stelle reichlich chaotisch wirken und ich mich ernsthaft frage, was mich an den Bienen so begeistert hat, dass ich trotz allem dabeigeblieben bin – erinnere ich mich manchmal auch mit etwas Wehmut daran zurück. Wenn ich heute entspannt mit meinen 25 Bienenbeuten auf dem Anhänger an einen neuen Stand ziehe, dauert es nur einen Abend und ist nicht ansatzweise so aufregend. Alle Abläufe sind eingespielt und haben sich über die Jahre immer weiter verfeinert. Das Kribbeln, die Aufregung und das Abenteuer des Neubeginns bleiben jedoch für immer unvergessen und unerreichbar!

Als ich am Montagmorgen am Schreibtisch sitze und meine E-Mails bearbeite, schüttele ich innerlich noch immer den Kopf über unser kleines Desaster. Während ich meine Gedanken schweifen lasse, vernehme ich das leise Ping meines E-Mail-Eingangs. Und tatsächlich, gerade ist eine Großbestellung eingegangen, versehen mit einer herzlichen Nachricht. Da habe ich offenbar jemandem am Wochenende sein Frühstück versüßt und ein Lächeln in sein Gesicht gezaubert. So begeistert ist der Kunde von unserem Honig, dass er für die Weihnachtszeit eine Großbestellung für alle seine Mitarbeiter*innen veranlasst – meine nächste Woche ist mit dieser Bestellung vollständig ausgefüllt. So kann es weitergehen!

Bei allem Lob, das ich für meinen Honig erhalte, wächst auch mein Selbstbewusstsein als Imkerin stetig. Ich weiß mittlerweile, dass ich mit meiner nachhaltigen Imkerei auf dem richtigen Weg bin und diesen Ansatz weiter ausbauen möchte, um wesensgemäß zu imkern. Ich habe in den vergangenen Jahren meine Lektionen gelernt und alle Anfängerfehler mindestens einmal gemacht. Ich weiß, was ich tue, und ich weiß, dass es gut ist. Was hat meine Mutter mir mit auf den Weg gegeben? Ein einfaches, oberflächliches Lob bekommt man schnell, ehrliche Anerkennung muss man sich schon härter erarbeiten. Darum: Weniger Selbstzweifel, mehr Vertrauen in das, was ich tue. Mein ewiger Perfektionismus beginnt einer gewissen Lässigkeit zu weichen – wie heißt es im Oasis-Song *Little by Little*: »True perfection has to be imperfect!«

SÜßE WELTRETTUNG AUS KINDERAUGEN

Von gierigen Gästen und bummeligen Beobachter*innen am Bienenstock

»Mami, du glaubst nicht, was heute in der Schule los war. Und dann hatte auf dem Rückweg der Zug noch eine halbe Ewigkeit Verspätung. Ich bin gerade noch so zum Rudertraining gekommen. Egal, jetzt bin ich ja hier, und alles ist gut. Endlich. Warte kurz, ich hole mir nur schnell einen Apfel, dann setze ich mich erst mal einen Moment zu dir, und wir reden, das Duschen kann warten.«

Nur für einen kurzen Moment unterbricht Neele ihren Redeschwall, schnappt sich einen der Liegestühle und setzt sich neben mich. Ich atme die warme Sommerluft ein, kuschele mich entspannt in die leichte Decke, die ich in meinem Gartensessel ausgebreitet habe, und genieße den Moment. Im Handumdrehen fallen der Stress und die Anspannung des Alltags auch von meiner Tochter ab.

Wir alle genießen die gemeinsame Zeit neben den Bienenstöcken, die nach einigen Jahren nun ein fester Bestandteil unseres Gartens sind, betrachten gemeinsam den Bienenflug und plaudern über unseren Tag. Innerhalb eines Wimpernschlags lassen wir so die Hektik und Schnelligkeit des Tages hinter uns und können uns nur auf das Hier und Jetzt einlassen – allein dafür liebe ich das Summen in unserem Garten! Es mag sich für jemanden, der noch nie an einem Bienenstand war, seltsam anhören, aber es gibt wenig, was mehr beruhigt und zugleich aufregender ist, als an einem schönen Sommerabend das Flugloch einer Bienenbeute zu beobachten. Allein das leise summende Starten und Landen üben auf mich eine beruhigende, fast meditative Wirkung aus. Und man kann unfassbar viel dabei entdecken!

Oftmals reicht mir heute die Fluglochbeobachtung für einen ersten Eindruck der Situation im Bienenvolk aus. Denn an der schmalen Öffnung ist mit etwas Geduld nahezu alles zu erkennen und zu beobachten, was gerade innerhalb der Beute vor sich geht. Mit ein wenig Übung sieht man, ob gerade Trachtflug herrscht, welche Pollen gesammelt werden, die Königin in Eiablage ist oder sich das Volk gar teilen möchte – dies und noch so vieles mehr kann man mit sorgfältiger Beobachtung vom Treiben am Flugloch ablesen. Und wenn man sich die Zeit nimmt, einfach nur zu beobachten, kann man zudem echte Dramen und Abenteuer verfolgen.

Meine Tochter vertieft sich begeistert in die Betrachtung des Flugtrainings junger Bienen, die ihre Flugübungen absolvieren. Genau genommen sind es ja nur die ältesten Bienen des Stockes, die ausfliegen dürfen. Erst nach endlosen Stationen als Ammen-, Putz-, Bau-, Heizer- und Honigbiene dürfen die Bienen zur Lebensmitte tatsächlich raus aus dem dunklen Stock. Aber zunächst nur für wenige Zentimeter, denn bevor sie als Sammlerinnen ausfliegen, sorgen sie zunächst für die Sicherheit des Volkes und bewachen als Wächterbienen geduldig und tapfer den Stockeingang. Erst wenn auch diese Aufgabe zuverlässig erledigt wurde, dürfen sie in die verlockende, sonnenglitzernde Welt ausfliegen, sich am Nektar laben und unermüdlich Pollen sammeln. Zuvor haben sie jedoch noch ein intensives und knallhartes Flugtraining absolviert!

Zwar wandeln sich die Arbeiterinnen mit einem Alter von 21 Tagen tatsächlich zu Flugbienen, aber vor dem Genuss, von Blume zu Blume zu fliegen, steht erst einmal jede Menge Flugunterricht auf dem Stundenplan. Jeden Tag – stets pünktlich zur gleichen Uhrzeit – haben die Bienen Flugschule. Wenn man dann aufmerksam den Stockeingang beobachtet, kann man tatsächlich erleben, wie die Flugneulinge direkt vor der Beute unermüdlich eine Acht nach der anderen fliegen. Sie prägen sich die Landschaft und den Stand der Sonne ein, sodass sie jederzeit ihren Weg zurückfinden können. Jeden Tag unternehmen sie dann größere Runden und folgen den älteren Bienen, bis sie sicher fliegen können. Erst wenn sie sich vollends bereit fühlen, fliegen sie los und folgen dem vielversprechendsten Trachtangebot. Ist die Tracht üppig, schaffen es die schwer bepackten Nektarsammlerinnen dann oftmals nur mit letzter Kraft zurück auf das Anflugbrett, so schwer tragen sie an ihrer Beute.

Kunterbunt – der Pollen ist eine Farbexplosion!

»Mama, schau mal, schwarzer Pollen«, ruft Neele begeistert. »Ja, Wahnsinn, das könnte Phacelia sein«, antworte ich. »Und da, siehst du, ganz grüner Pollen!« »Vielleicht Linde?«, antworte ich abwägend. »Und da vorn, die etwas hellere Biene, ihre Pollenhöschen schimmern fast bläulich!«, beobachtet meine Tochter begeistert. »Den Pollen könnte die Biene an den Blüten des einfarbigen Blausterns gesammelt haben«, sage ich, »das habe ich aber tatsächlich bisher noch bei keiner Biene beobachten können. Das Farbintensivste, was bei uns oft zu sehen ist, sind rote Pollenhöschen, die auf Spargel hindeuten.« »Hier, knallgelb! Und orange!«, ruft meine Tochter enthusiastisch und blickt mich strahlend an. Es ist ein reines Farbenspektakel, welches sich vor uns auftut. Bei dem orangenen Pollen habe ich eine Idee: »Das könnte Mohn oder Calendula sein, was denkst du?«, frage ich Neele, die zustimmend nickt.

Unermüdlich fliegen die Pollensammlerinnen mit knallbunten Kügelchen an jedem Bein, »Pollenhöschen« genannt, zurück zum Bienenstock. Für die Bienenmaden sind die bunten Pakete eine lebenswichtige Eiweißquelle und für mich als Imkerin ein perfektes Indiz dafür, was gerade blüht und was meine Bienen finden und anfliegen. Noch näher an der Natur kann ich eigentlich nicht sein, denke ich jedes Mal, wenn ich das Treiben beobachte. Ein Kartoffelerlebnis wie seinerzeit auf dem Markt in Berlin würde mir heute mit Sicherheit nicht noch einmal passieren!

Gierige Gäste und bummelige Beobachter*innen am Bienenstock

Absolute Begeisterung rufen bei mir die stoischen, ungeschickten Flugmanöver dicker Hummeln hervor. Nach der Lektüre von *Und sie fliegt doch* des englischen Hummelforschers Dave Goulson betrachte ich sie mit noch größerem Respekt. Wenn sich die massigen Hummeln mit ihrem schweren Körper und ihren kleinen Stummelflügeln in die Luft erheben, überlisten sie eindrucksvoll die Schwerkraft. Es ist ein echtes Wunder der Natur, das wir bestaunen dürfen.

Immer und immer wieder versucht die Hummel, angelockt von dem köstlichen Geruch des Bienenstocks, das Anflugbrett anzufliegen und in das Innere zu gelangen. Die Wächterbienen lassen sich jedoch nicht erweichen und prüfen ganz genau, wem sie Einlass gewähren. Dieser gutmütigen, aber faulen Hummel, die sich am Honigvorrat des emsigen Bienenvolkes gütlich tun möchte, sicherlich nicht!

Ganz anders fliegt dagegen eine Wespe den Bienenstock an. Dreist und eiskalt versucht sie, die Wächterbienen zu überrumpeln und sich frech in den Stock zu mogeln. Sie sind von Natur aus Jägerinnen. Die Wächterinnen stehen jedoch aufmerksam vor dem schmalen Eingang zum Bienenstock und untersuchen jede ankommende Biene mit ihren Fühlern auf den eigenen Stockduft hin. Besteht sie die Geruchsprüfung, passiert die Biene das Flugloch – nehmen die Wächterbienen jedoch einen fremden Geruch wahr, wird der Eindringling mit allen ihnen zur Verfügung stehenden Mitteln abgewehrt. So geschieht es auch dieser Wespe.

Am arbeitsreichsten wird es für die Wächterbienen, wenn das Futterangebot in der Natur knapper wird. Nicht nur die Drohnen versuchen im Spätsommer immer wieder, einen bequemen Unterschlupf zu finden, vor allem kommen nun auch die Wespen hinzu. Wie ein offenes Scheunentor wirkt dann das Flugloch und ist von den Wächterbienen kaum noch gegen die frechen Eindringlinge zu verteidigen. Wir Imker*innen helfen den Bienen, indem wir die Fluglöcher zu dieser Jahreszeit ganz klein halten und dem Volk nur eine fingergroße Öffnung zum Reinschlüpfen lassen. Schwächere Bienenvölker hätten den Wespen oder anderen Räubern sonst nichts entgegenzusetzen. Bei besonders penetranten Angreifer*innen müssen die Wächterbienen auch von ihrem Stachel Gebrauch machen. Sie sterben jedoch nicht, wenn sie andere Insekten stechen. Nur wenn die Biene Menschen sticht, bleibt der Widerhaken in der Haut stecken und reißt der Biene eine tödliche Wunde in den Hinterleib.

Ganz entspannt wartet eine Hornisse im Schwebeflug an der Seite des Bienenstocks auf ungeschickte Flieger. Da plumpst schon eine Flugbiene äußerst schwer beladen und mit einem ungeschickten Flugmanöver auf das Anflugbrett. Innerhalb von Sekunden nutzt die Hornisse die Gunst der Stunde, pickt die unglückliche Honigbiene geschickt vom Flugbrett und genießt den kleinen Honigsnack. Dieses Spektakel wird sich noch einige Male wiederholen, bis der honigsüße Appetit der Hornisse gestillt ist.

Kleiner Herumtreiber: das lässige Drohnenleben

Eine unerbittliche Schlacht ist im Spätsommer schließlich das Heraustreiben der Drohnen, also der männlichen Bienen. Unbarmherzig zerren die Stockbienen die pummeligen Drohnen aus dem Bienenstock. Sie sind leicht zu erkennen, da sie größer und gedrungener als die Arbeiterinnen gebaut sind und so immer ein wenig unbeholfen wirken. Sie sind zudem mit riesengroßen, auffälligen Facettenaugen ausgestattet, die ihnen helfen, die Bienenkönigin bei den Sammelplätzen zu finden. Am Flugloch erkennt man sie schon an der Tonlage ihres Brummens, das deutlich tiefer ist als das der Arbeiterinnen.

Die Bienenjungs sind mit einer besonders kräftigen Flugmuskulatur ausgestattet, sie haben jedoch weder einen Stachel, noch können sie Nektar oder Pollen sammeln. Damit sind die kleinen Herumtreiber komplett auf die Arbeiterinnen angewiesen, die sie beschützen, durchfüttern und am Ende des Bienenjahres rigoros rausschmeißen, da sie für das Bienenvolk im Winter nur einen unnötigen Ballast darstellen. Ihre Arbeit ist dann getan. Die Drohnen haben brav dafür gesorgt, dass die Bienenköniginnen beim Hochzeitsflug einen ausreichenden

Samenvorrat erhalten haben. Diejenigen, die im Spätsommer noch leben, werden zum Dank in einer unerbittlichen Schlacht vor die Tür gesetzt. Aber einen kleinen Trost gibt es Jahr für Jahr: Im Frühling geht's für eine neue Generation mit dem lässigen Drohnenleben weiter.

Grausamer Höhepunkt: der Hochzeitsflug

Bei ihrem Flug zu den Drohnensammelplätzen, an welche die Königin in einem Geleit von Sammlerinnen durch die Luft geführt wird, ist sie erst ein paar Tage alt und bereits geschlechtsreif. Tausende von Drohnen aus allen Bienenständen der Umgebung summen dort rasend schnell in der Luft umher, sodass sie mit bloßem Auge kaum zu unterscheiden sind. Keine der Bienen war jemals zuvor dort, und keine von ihnen wird zu diesem Platz zurückkehren. Ihre Orientierung, Kommunikation und Entscheidung für die Drohnensammelplätze sowie ihr Zusammenfinden sind für uns Menschen bislang unerklärlich.

Die Paarung der Biene ist – wenig überraschend – ein dynamischer Prozess: Der Drohn, der am höchsten und schnellsten fliegt, begattet schließlich im Flug die Königin. Sie wird sich jedoch nicht nur mit einem Drohn paaren. Bis die Samenblase der Königin gefüllt ist, wird sie von gut einem Dutzend Drohnen begattet, deren Körper unmittelbar nach dem Akt zerreißen, was sie bereits im Flug sterben lässt. Das ist das grausame, unerbittliche Prinzip des Hochzeitsflugs der Bienenkönigin.

Wenn die Samenvorratskammer der Königin schließlich gefüllt ist, kehrt sie in den Stock zurück und bleibt dort bis zum Ende ihres Lebens in der Dunkelheit. Beide Schicksale, die der Drohnen und die der Königin, erscheinen nicht allzu verlockend. Für den Fortbestand des Bienenvolkes sind sie jedoch essenziell. Steckt hinter diesem immensen Aufwand für die Paarung einer Bienenkönigin ein tieferer Sinn? Durchaus, denn für die genetische Vielfalt und damit ein gutes Immunsystem ist es unerlässlich, dass die Königin nicht nur von den volkseigenen Drohnen begattet wird.

Uns Imker*innen stellt sich grundsätzlich die Frage, wie wir mit den Drohnen umgehen wollen. Um den Druck der Varroamilbe in den Völkern gering zu halten, greifen viele von uns zu der Lösung, leere Rähmchen, sogenannte Drohnenrahmen, einzuhängen. Diese werden im Frühjahr etwa alle drei Wochen oder spätestens sobald sie verdeckelt sind, ausgeschnitten und dem Volk entnommen, denn die Varroamilbe befällt achtmal häufiger die verdeckelten Drohnenzellen. Mit dem Ausschneiden verringern wir den Varroadruck auf die Bienenvölker und steigern zugleich die Überlebensfähigkeit der Völker. Gleichzeitig greifen wir in die naturgegebene Ausgeglichenheit des Bienenvolkes ein und schränken die genetische Vielfalt der Völker ein. Uns muss bewusst sein: Jeder Schritt und Eingriff bedingt etwas Neues – denn alles hängt miteinander zusammen.

Wachs und Waben – ein Wunderwerk

Eins steht fest, Bienen wollen und müssen Waben bauen. Ich sehe Naturwabenbau daher als einen wichtigen Beitrag für die Gesundheit und das Wohlbefinden der Bienenvölker, da sie nur so ihrem natürlichen Bedürfnis nachkommen können. Je nach Jahreszeit entscheide ich daher, ob die Bienen selbst ihre Waben bauen oder ob ich den Arbeiterinnen ein wenig Arbeit abnehme, indem ich den Völkern Mittelwände aus Bienenwachs zur Verfügung stelle. Denn die Bienen benötigen für das

Ausschwitzen des Wachses sehr viel Energie, und die nehmen sie aus dem Honig. Gerade im zeitigen Frühjahr kann es daher sinnvoll sein, den Bienen ein klein wenig zu helfen.

Auf den vorgeprägten Platten errichten die Bienen dann ihre typischen sechseckigen Waben. Im Winter kommen so gut und gern einige Hundert Rähmchen zusammen, die ich für die Bienen im Frühjahr vorbereite. Stundenlang muss dann Wachsplatte um Wachsplatte in die Rähmchen eingelötet werden. Es ist eigentlich eher eine Art Einschmelzen, bis die Wachsplatte geschmeidig wird und anschließend fest im Rähmchen sitzt. Und da man bei dieser Arbeit so herrlich plaudern kann, um sich die Zeit zu vertreiben, dürfen alle Kinder helfen.

Schon beim Öffnen der lila gefärbten Packpapierpakete schnuppern wir genüsslich den verführerischen Bienenwachsduft, der uns in den nächsten Stunden umgeben wird. Anfangs entbrennt stets ein enthusiastischer Kampf um den Trafo mit den zwei Polen. Der strahlende Sieger beginnt aufgeregt, das erste Rähmchen hin und her zu drehen, um den Kontaktpunkt zu finden.

»Halt«, rufe ich, »erst einmal kurz schauen, wo ihr den Minus- und Pluspol ansetzt, okay? Und dann geht es auch superschnell, sobald der Strom fließt, also Obacht, ja?«

Meine Tochter nickt beflissen und hingerissen von dieser verantwortungsvollen Tätigkeit, da rauscht schon die erste Mittelwand durch das Rähmchen. Präzise in drei Stückchen zerschnitten liegt die Wachsplatte nun auf dem Tisch.

Überrascht und etwas erschrocken blicken mich alle an. »Kein Problem«, erkläre ich, »man muss da ein bisschen Fingerspitzengefühl entwickeln. Aber keine Sorge, das ist keine Hexerei, und wenn ihr das ein paarmal probiert habt, habt ihr ganz schnell den Bogen raus. Und ihr macht das heute bestimmt noch hundertmal. Also los, die zerteilten Wachsplatten sammeln wir hier in dieser Box, die können wir in der Adventszeit noch prima einschmelzen und zum Kerzenziehen verwenden oder Wachstücher daraus machen. Und jetzt noch einmal: Wenn der Draht durch den Strom heiß wird, dann wird er richtig schnell heiß. Also nur ganz vorsichtig und kurz dranhalten, dann frisst sich der Draht schon in das Wachs. Perfekt, genau so muss es sein!«

Stolz und glücklich hält meine Tochter schließlich ihre erste selbst eingelötete Mittelwand in die Höhe. Goldgelb und noch ganz rein strahlt die Mittelwand im Sonnenlicht. Ich blicke derweil etwas sorgenvoll zur Seite: Hunderte Mittelwände, die in Rähmchen eingelötet werden müssen, liegen noch vor uns. Oje, das wird noch ein langer Tag ...

Wabenbau: perfekte Bienen-Teamarbeit

»Kannst du uns noch etwas über das Wachs und die Waben erzählen? Bitte!«, betteln mich unterdessen unsere Kinder an. Ich überlege kurz. »Na gut. Also, das Wabenwerk, das die Bienen schaffen, ist nicht nur unglaublich schön, sondern auch die absolute Perfektion an Stabilität und Belastbarkeit. Auf ein Tausendstelmillimeter genau werden die einzelnen Zellen gebaut. Könnt ihr euch das vorstellen? Das ist viel dünner als ein einzelnes Haar von euch! Sie arbeiten absolut präzise, und das geht so: Die Bienen schwitzen Wachsschüppchen aus, die glasklar sind. Diese zerkauen sie dann, bis sie schneeweiß sind. Diese Jungfernwaben sind so zart, dass man sich kaum vorstellen kann, dass sie später mehrere Kilo Honig tragen können. Ihr habt ja alle schon mal eine schwere Honigwabe nach der Rapsblüte gehalten. Was glaubt ihr, wie schwer die ist? Es ist unglaublich, aber diese zu Anfang so zarten Waben können bis zu drei Kilo tragen! Das ist in etwa so schwer wie drei Milchtüten. Und dieses Gewicht wird allein von dem federleichten, weichen Wachs getragen. Der Bau der Waben ist zugleich echtes Teamwork für die Insekten: Um größere Abstände zu überbrücken, hängen sie sich aneinander und bilden so ein lebendes Baugerüst!«

Ich staune auch heute noch immer wieder aufs Neue, was die Bienen gemeinsam alles leisten können. »Mama, sag mal, es gibt doch ganz unterschiedliche Zellen im Bienenstock, die Drohnen sind doch viel pummeliger, und auch die Zellen im Drohnenrahmen sind viel größer!«, sagt meine Tochter. »Die passen doch gar nicht alle in die Waben, wenn sie wirklich ganz genau gleich groß sind.«

»Das stimmt«, nicke ich. »Es gibt drei verschiedene Zellengrößen im Bienenstock. Die Zellen für die Arbeiterinnen sind die kleinsten – und klar, davon gibt es die meisten. Die der pummeligen Drohnen sind tatsächlich größer, das kann man auf den ersten Blick deutlich erkennen. Und in der größten und außergewöhnlichsten Zelle wächst schließlich die Königin heran. Diese Zelle sieht ein wenig wie ein kleiner länglicher Tannenzapfen aus und ist entweder mittig auf dem Rähmchen platziert oder gut an den Rändern des Rähmchens versteckt.«

»Ich weiß, ich weiß, und die heißt Weisel- oder Nachschaffungszelle«, sprudelt es unvermittelt aus dem Kleinsten in der Runde mit großer Begeisterung hervor.

»Genau richtig, ihr seid ja echte Bienenexperten«, stimme ich ihm zu – und freue mich unbändig über ihr schier unermüdliches Interesse an der Natur.

Kinder lieben Honig ... und Bienen!

Kommt ein Gespräch mit Freunden oder Bekannten auf meine Arbeit als Imkerin, merke ich schnell, dass dieses Thema auf fast jeden Menschen etwas Anziehendes ausübt. Gerade bei Kindern spürt man die Begeisterung für die Honigbiene, da sie die Natur, Tiere und Süßes lieben und ihr Interesse einfach unverstellt äußern.

Das Interesse von Kindern an den Bienen ist dabei so vielschichtig, wie es unterschiedliche Temperamente gibt. Eine meiner Töchter ist eine unermüdlich neugierige Forscherin und muss im besten Faust'schen Sinn bei jeder Sache »erkennen, was die Welt im Innersten zusammenhält«. Genauso verhielt es sich, als wir unsere ersten Bienenvölker bekamen: Kaum standen die Bienen in unserem Garten, schnappte sie sich ihren Kinder-Imkeranzug und wollte sich alles ganz genau anschauen, am liebsten die Beute gleich einmal auseinandernehmen und das Volk erforschen. Wenig überraschend war kurz darauf klar, dass sie Mitglied im Imkerverein werden möchte. Nun hüpft sie vor Glück neben mir her, und ihre Zöpfe wippen fröhlich auf und ab, wenn wir in Gummistiefeln über den matschigen Acker zum Bienenstand ziehen.

Ganz im Gegensatz zu meiner anderen Tochter: Sie ist eine leidenschaftliche Beobachterin und nähert sich jedem Thema umsichtig und bedächtig. Sie probiert aus, wägt ab und entscheidet dann mit großer Klarheit, was sie machen möchte. Da sie Ordnung und Struktur über alles liebt, ist ein auf den ersten Blick wuseliges Bienenvolk mit seinen zehntausend Bienen und den flexiblen Strukturen nichts, in das sie freiwillig eintauchen würde. Die fast betörende Ordnung eines Bienenvolkes offenbart sich zugegebenermaßen auch nicht sofort. Sie liebt hingegen die konzentrierte Beobachtung am Flugloch und das Nachsinnen über die anstehenden nächsten Schritte. Arbeiten wir im Herbst in der Honigküche, ist sie mit großer Konzentration dabei: Honig abfüllen, Etiketten aufkleben, Regale befüllen und alles schön gestalten – das ist ihre Welt.

Ganz anders wiederum nähert sich unser Kleinster den Bienen: Er ist eine Zuckerschnute, wie sie im Buche steht, und es gibt nichts Besseres für ihn, als unterschiedliche Honige zu kosten! Als untadeliger Ritter sammelt er zudem im Sommer geduldig erschöpfte Bienen vom Rasen auf und trägt sie sanft auf ein Blatt gebettet zurück zu den Bienenstöcken.

So unterschiedlich die Temperamente von Kindern sind, so verschieden kann man ihnen auch die faszinierende Welt der Bienen näherbringen. Denn eines umfasst all die unterschiedlichen Tätigkeiten rund um die Biene und in der Imkerei: das Bewusstsein, wie wichtig die Biene für uns Menschen und die Natur ist!

Kleine Honigschlecker*innen und geduldige Drohnen

Es gibt viele schöne, aber auch einige besonders schöne Tage in meinem Imkerjahr. Zu Letzterem gehört definitiv die Honigernte – und der Besuch der Kindergartenkinder. Mit stolzgeschwellter Brust haben unsere Kinder alljährlich ihre Freunde und Freundinnen aus dem Waldkindergarten zu Besuch bei ihren Bienen in unseren Garten eingeladen. Und wir sind jedes Mal erstaunt, wie offen und neugierig Kinder gegenüber den Insekten sind und wie entspannt sie mit ihnen umgehen. Ganz anders als manche Erwachsene, die in einem Moment noch ganz abgeklärt sind, im nächsten aber plötzlich wild um sich schlagen und hektisch versuchen, neugierig herumsummende Bienen zu vertreiben.

Der Höhepunkt mit den Kindern an meinem Bienenstand ist neben dem Blick in das Bienenvolk und der unvermeidlichen Suche nach der Bienenkönigin das behutsame Streicheln unserer geduldigen Drohnen. Gerade für kleine Kinder zählt nicht nur das Erzählen, sondern vor allem das Erfühlen, wie filigran eine kleine Biene ist, um sich vorstellen und wertschätzen zu können, welch großartige Leistung sie vollbringen kann.

Meine Begeisterung für die Bienen schon an die Kleinsten weiterzugeben, ist mir sehr wichtig, denn wenn Kinder schon von klein auf um die Bedeutung der Biene wissen, ist das der beste Garant für den Schutz dieser Tiere. Denn nur was man kennt und liebt, das schützt man auch! Nur über Bienen zu lesen oder etwas erzählt zu bekommen, reicht jedoch nicht. Kinder möchten die Bienen in der Natur erleben und überwinden so die erste Distanz und möglicherweise die Angst vor einem Stich. Und diese Begeisterung trägt Früchte: Ich werde immer wieder von ehemaligen Waldkindergartenkindern angesprochen, die mir erzählen, wie wunderschön es war, als sie unsere Bienen »streicheln« durften.

Selbst die lautesten Rabauken sind plötzlich still und ehrfürchtig, wenn sie mit ihren Fingern den feinen Wabenbau erspüren, die beeindruckend vielen Farben einer Pollenwabe von Gelb, Rot, Grün bis hin zum Lila-Bläulichen betrachten und mit ihren eigenen Händen eine schwere Honigwabe hochheben – gerade dieses sinnliche Erfassen ermöglicht es den Kindern, die Arbeit der kleinen Honigbiene zu schätzen. Und dass eine Biene in ihrem Leben bei allem Fleiß nur einen halben Teelöffel Honig zusammenträgt – das ist für viele Kinder schier unglaublich. Man spürt den Respekt der Kleinsten vor der Teamleistung des Bienenvolkes, dass, obwohl jede Einzelne eigentlich ganz klein ist, sie es mit gemeinsamer Anstrengung schaffen, großartige Dinge zu erreichen.

Kinder erleben in meiner Imkerei, dass der Honig aus unserer Region nicht nur köstlich, sondern auch wichtig ist, da die Bienen die Pflanzen bei ihren Ausflügen bestäuben und Nektar und Blütenstaub eintragen. Und wir genießen zusammen richtig guten Honig: Die meisten Kinder, die zu uns kommen, kennen Honig aus der Quetschflasche, aber ein echter Blütenhonig schmeckt nach Sonne, Sommer und Blüten – da kommt keine billige Supermarkt-Honigmischung mit. Zugleich schafft Honig eine Nähe zur Natur, die uns umgibt, denn Bienen zeigen uns eindrucksvoll die Zusammenhänge und die Schönheit der Schöpfung auf. Nur wenn dieses Verständnis von klein auf gepflegt wird und wachsen kann, dann schaffen wir auch ein Bewusstsein dafür, dass wir all dies unbedingt schützen müssen!

Viele Kinder möchten natürlich wissen, wie oft ich schon gestochen worden bin und ob es wehtut. Das ist meine Lieblingsfrage, um zu erklären, dass die Bienen sehr ausgeglichene, friedfertige Wesen sind und eigentlich nur Nektar sammeln möchten. Sie stechen einzig aus der Not heraus – und dies passiert oft, wenn ich unaufmerksam bin und sie versehentlich drücke oder quetsche, wenn sie an mir krabbeln, während ich am Bienenstock arbeite. Dafür darf ich mir aber auch jeden Morgen einen goldglitzernden Honigklecks in meinen Joghurt löffeln – ich finde, das ist ein ganz fairer Tausch!

NACHHALTIG IMKERN

Warum ich mich für ökologische Materialien begeistere und das respektvolle Arbeiten mit der Natur und die Achtung vor Tieren im Mittelpunkt meiner Arbeit stehen

Ich bin überzeugt, dass gerade wir Imker*innen uns deutlich stärker fragen müssen, wie wir konsequent nachhaltig handeln können. Und da hinter jeder Imkerei eindrucksvolle Materialmengen stehen, kommt insbesondere dem Beutenmaterial, welches wir wählen, eine entscheidende Rolle zu. Immer mehr Menschen spüren, dass die Natur aus dem Takt gerät, beginnen zu imkern und schaffen sich auch zum Schutz der Ökosysteme Bienen an – und das oft in nagelneuen Styroporbeuten. Wenn es jedoch nicht so klappt mit der Imkerei, die Zeit oder die Grundlagen fehlen, werden die Styroporbeuten oft nach wenigen Jahren wieder entsorgt. Aber wohin dann mit den Styropormengen? Die Verbrennung verursacht massive Umweltgifte, falls die Beuten überhaupt über den örtlichen Entsorger vernichtet und nicht, wie in der Nähe meines Bienenstandes geschehen, einfach in Felder und Wälder geworfen werden. Denn die Entsorgung der großen Plastikkisten ist umständlich und kostet Geld. Dann stehen die Beuten oftmals einfach hinter dem Hof oder am Gartenschuppen, bis sie allmählich zu Mikroplastik zerfallen und in unser Grundwasser sickern.

Tatsache ist: Viele Kunststoffe sind erst nach über dreihundert Jahren biochemisch abgebaut. Eine eindrucksvolle Zeitspanne, wenn man bedenkt, dass Styroporbeuten nur wenige Jahre genutzt werden, bis sie ihre Lebensdauer erreicht haben, ihr Abbau jedoch Generationen überdauert. Warum also diese starke Fokussierung auf Kunststoff in der konventionellen Imkerei? Weil die Styroporbeute eine etwa zwei Grad höhere Innentemperatur hat und die Bienen etwas mehr Honig einbringen, wenn sie ein paar Tage früher aus der Winterruhe in die Brut gehen? Das bedeutet unterm Strich ehrlicherweise knallharte Gewinnoptimierung auf Kosten der Umwelt – genau das, was Imker*innen gern den Landwirt*innen vorwerfen. Eine Holzbeute hingegen hält im Einsatz bei richtiger Aufstellung über dreißig Jahre. Und würde jemand auf die dumme Idee kommen, eine Holzzarge doch einmal illegal ins Unterholz zu werfen, wäre sie in drei bis fünf Jahren vollständig verrottet und in Nährstoffe für andere Organismen umgewandelt. Und das alles ohne Umweltgifte.

Ich schildere in diesem Buch die Entwicklung meiner Imkerei und meine Haltung des nachhaltigen Ansatzes. Ich finde jedoch Vielfältigkeit wichtig und respektiere jeden Weg. Denn es gibt tausend Möglichkeiten, zu imkern, und unzählige Feinheiten, wie man seine Imkerei gestaltet. Ich möchte deshalb nicht den Anspruch erheben, dass mein Umgang mit den Bienen die einzig richtige Haltung ist. Die kann es aus meiner Sicht schon allein deswegen nicht geben, da in der Imkerei alles von der Natur abhängt und diese einem steten Wandel unterworfen ist.

Letztlich muss jeder seinen eigenen Weg und seine persönliche Arbeitsweise finden. Unabdingbar ist jedoch, offen und bereit zu sein, die eigene Position und den gewohnten Blickwinkel zu verändern. Wenn für den einen Holzbeuten passend sind, muss das nicht zwingend der Weg für alle Imker*innen sein. Und wenn man schließlich seinen Weg im Imkerei-Dschungel gefunden hat, gilt es, diesen auch klar zu verfolgen. Ohne Scheuklappen zu haben für neue Ansätze und Impulse. Eine gute Möglichkeit bietet dafür sicherlich der Imkerverein vor Ort, denn gerade in der Anfangsphase hilft es ungemein, sich mit anderen Imker*innen aus der Region auszutauschen.

Ich persönlich schätze darüber hinaus auch die Inspirationen und Einblicke in andere Betriebsweisen, die ich über soziale Medien erhalte. Natürlich hat ein*e Imker*in im Siebengebirge andere Gegebenheiten als eine*r in Griechenland, und im Schwarzwald sind Natur und Klima völlig anders als bei uns an der Ostseeküste oder für eine*n russische*n Imker*in. Aber die eine oder andere Feinheit kann man sich abschauen und seinen Blick erweitern.

Gerade das macht für mich auch den Reiz der Imkerei aus – dass es nicht die eine einzige Herangehensweise gibt. Dass alles beständig im Wandel ist. Und wenn ich am Ende zu dem Schluss komme, dass der in meiner Region geltende Standard an Beute, Rähmchenmaß und die in der Imkerschule gelehrte Betriebsweise für mich genau das Richtige sind – wunderbar! Wenn nicht, dann darf man sich nicht beirren lassen und muss seinen Weg suchen, bis es sich stimmig anfühlt.

Lust und Leid

Als mein Mann mir zum Geburtstag einen Brennstempel mit dem Logo meiner Imkerei schenkt, ist es um mich geschehen. Nun ist es unwiderruflich: Mein Herz gehört den Holzbeuten. Tagelang zischt und dampft es in meinen Werkräumen, bis wirklich jede Zarge und jedes einzelne Rähmchen mit dem Logo meiner Imkerei gebrandet ist. Es sieht so fantastisch aus, und allen Betrachter*innen meines Bienenstandes wird schon auf den ersten Blick klar, wer diese Imkerei führt, und auch ungebetene Langfinger werden direkt abgeschreckt. Seit diesem Tag bin ich den Holzbeuten hemmungslos verfallen.

Bei aller Schwärmerei für das natürliche Material klingen mir aber auch die Worte unseres Vereinsvorsitzenden in den Ohren, dass Holz viel zu schwer für eine Imkerin ist. Im Rückblick muss ich nun kleinlaut zugeben, dass er damit nicht so ganz unrecht hat. Bei zwei oder drei Völkern fällt dies nicht so ins Gewicht, aber da ich mittlerweile für 25 Bienenvölker sorge, haben sich auch die Dimensionen meiner Imkerei deutlich verschoben.

Wenn die Bienen in voller Tracht stehen und die Honigernte ansteht, dann werden wöchentlich die Zargen hinuntergehoben und umgesetzt, da die Durchschau nach Weiselzellen nötig ist, das Absperrgitter zwischen Brut- und Honigraum eingelegt wird oder die Zargen zum Schleuderraum transportiert werden. Und bei einem Bienenstand mit 25 Völkern ist die Rechnung dann schon beeindruckend: Jedes Volk hat zwei Honigzargen, das macht rund fünfzig Zargen, von denen jede Einzelne mit Rähmchen, Honig und Beute bis zu vierzig Kilo wiegen kann. Das sind locker überschlagen zwei Tonnen, die innerhalb kürzester Zeit bewegt werden müssen! Und dies wiederholt sich bei jeder Tracht im Laufe des Jahres. Bei aller Begeisterung für Holzbeuten – wenn ich nicht täglich bei meinem Mann oder meinen Imkerkolleg*innen auf der Matte stehen und um Hilfe bitten will, muss ich mir dringend Gedanken über meine Betriebsweise machen.

»Nein, ganz ehrlich, beim Holz werde ich keine Kompromisse machen! Dafür habe ich zu lange dafür gekämpft und meine Erfahrungen gesammelt«, sage ich entschlossen. »Ich habe mir beides angeschaut und ausprobiert, aber den Schritt zurück zu Styroporbeuten zu gehen – das ist völlig undenkbar, Klaas. Dann höre ich lieber mit der Imkerei auf, als dass ich meine Grundsätze verrate. Nein, es muss doch möglich sein, nachhaltig in Holzbeuten zu imkern und das Ganze gewichtsmäßig in vernünftige Relationen zu setzen!«

Klaas seufzt auf. »Ich kann dich verstehen, Stephanie. Wirklich. Und ich schätze deinen Enthusiasmus. Aber so macht das auf Dauer keinen Sinn. Wie du es auch wendest, die Arbeit bei der Honigernte ist definitiv zu schwer für dich. Wenn ich hier bin, helfe ich dir wirklich gern, aber wenn ich fliegen gehe, bin ich halt länger weg und kann nicht mit anpacken. Du musst dir etwas einfallen lassen, wenn du nicht Stammgast beim Physiotherapeuten werden möchtest.«

Ich weiß selbst, dass Klaas recht hat. So handgestrickt wie bisher funktioniert es bei meinem großen Bienenstand nicht mehr. Ich muss mir etwas überlegen, irgendetwas, was die Honigbeuten leichter für mich macht. Stundenlang scrolle ich mich durch die Instagram-Accounts anderer Imker*innen. Schließlich stoße ich auf einen jungen Imker in der Schweiz, der vor eindrucksvoller Bergkulisse mit Holzzargen in einem ungewöhnlichen Maß arbeitet. Seine Herangehensweise bringt mich schließlich auf eine Idee. Das Gewicht der unteren Brutraume ist nicht mein Problem. Schwierig wird es nur mit den prallvollen Honigräumen. Warum diese nicht einfach teilen, halbe Zargen nutzen und das Gewicht damit halbieren?

»Da verschenkst du doch bei jedem Volk gut und gern zehn Kilo Honig – dabei ist der Ertrag bei deinen ungedämmten Holzbeuten doch sowieso schon nicht rekordverdächtig. Nee, noch so eine Idee und du erntest bei deinen Völkern gar keinen Honig mehr, sondern fütterst sie nur noch! Na, mir soll's ja egal sein, aber Profit machste mit den Flausen nicht, ne.« Unmissverständlich und lautstark tönt Franz' Bassstimme über meinen Bienenstand. Als entfernter Nachbar, der selbst schon seit Jahren imkert, hatte dieser ungebetene Gast mich nun bereits seit einer halben Stunde in ein Gespräch verwickelt. Ich kann es nicht ansatzweise erwarten, dass er sich wieder auf den Weg macht. Schließlich habe ich ihn weder gebeten, mich an meinem Stand zu besuchen, noch um seine Meinung gefragt. Und dass unsere Ansätze in der Imkerei meilenweit auseinanderliegen, ist mehr als offensichtlich. Hier prallen meine alternativen Vorstellungen und Herangehensweisen mit denen eines leidenschaftlichen Verfechters der konventionellen Imkerei frontal aufeinander.

Klar, der Einwurf von Franz ist auf den ersten Blick einleuchtend – ich vergebe mit meinen Halbzargen viel Platz beim Honigeintrag, mindestens zwei Rähmchen pro Zarge. Damit »verschenke« ich bei einem Volk locker zehn Kilogramm Honig, die ich weniger ernten kann. Aber ich sehe dies nicht als Verlust, denn ich gewinne Leichtigkeit, Flexibilität und Qualität! Nicht nur dass ich eine halbe Zarge entspannt heben und transportieren kann, ich habe zudem die Möglichkeit, Honigwaben einfacher umzuhängen, und ich kann Honigwaben, die bereits verdeckelt sind, unkomplizierter zum Schleudern herausnehmen.

Wenn ich aber angesichts der Schlepperei doch mal wieder fluche und mit einer Sackkarre schwere Honigzargen über die Apfelwiese oder durch unseren Garten bewege, denke ich oft an den ältesten Imker in unserem Verein. Anton ist Mitte neunzig, und es stellt sich für ihn nicht im mindesten die Frage, ob er seine Völker noch selbst bewirtschaftete. Geschweige denn dass er sich über das Gewicht seiner Holzbeuten beschweren würde. Als die Kräfte ein wenig nachließen, hat er sich in seiner alten Schmiede einfach eine Hebekonstruktion zum Anheben der Beuten geschweißt, und weiter geht's mit dem fidelen Imkerleben. Aufgeben gilt nicht! Vielleicht sind es doch die in ihrem Wesen so flexiblen Bienen und die goldglitzernde Haltung zum Leben, die uns Imker*innen so ideenreich, fit und gut gelaunt halten.

Mit Leidenschaft gegen den Mainstream

Wir lieben Honig – und die Natur. Also versuche ich, in meiner nachhaltigen Imkerei konsequent auf Plastik zu verzichten. Zudem schätze ich gutes Design – die unförmigen Honiggläser des Deutschen Imkerbundes, derbe grün-gelb gestaltet mitsamt Plastikdeckel auf dem Frühstückstisch meiner Eltern, sprachen mich schon früher so gar nicht an. Zugegeben, ich lasse mich gern von gut gestalteten und nachhaltigen Verpackungen verführen, und wir leben in einer zunehmend durchdesignten Welt. Und dann steckt man in ein Projekt wie die Imkerei so wahnsinnig viel Leidenschaft hinein, nimmt einfach das Imker-Einheitsglas und klebt ein vorgedrucktes Standardetikett darauf, das nichts von der eigenen Passion widerspiegelt? Nicht mit mir.

»Ganz ehrlich, Klaas, wie kommt man überhaupt auf die Idee, Plastikdeckel für Honig zu nutzen und sich überhaupt keine Gedanken über nachhaltige Alternativen zu machen? Gerade wenn die Verpackung auch noch direkt mit dem Honig in Kontakt kommt, ist das doch völlig irrsinnig. Und dabei gibt es doch sinnvolle andere Möglichkeiten!«

Klaas schaut mich nachdenklich an. »Na ja, ich finde schon, dass so ein Einheitsglas grundsätzlich sinnvoll sein kann, auch wenn ich es jetzt nicht unbedingt kaufen würde. Aber es ist auch nicht unbedingt jede so eine Nachhaltigkeitsverfechterin, wie du es bist, und rebelliert völlig bei Plastik. Für manche Hobby-Imkerin, die vielleicht nur zwei, drei Völker hat und neben Beruf und Familie imkert, ist das Glas sicherlich eine gute Möglichkeit, ihren Honig unter einer einheitlichen Marke zu vertreiben. Außerdem kann man mit so einem etablierten Glas die Qualität deutschen Honigs gegenüber den Honigimporten deutlich machen. Das hat also durchaus seine Berechtigung, finde ich – und bevor du Bienen hattest, hat dein Vater seinen Honig ja auch sechzig Jahre lang in den Imkerbundgläsern gekauft, ohne sich auch nur einmal über den Plastikdeckel zu echauffieren.«

Natürlich hat Klaas recht, und ich sollte ein bisschen toleranter sein. Ich stelle mir jedoch einen Winzer vor, der im Sommer seine Trauben pflegt und sich im Winter um seine Rebstöcke sorgt, der lange den richtigen Erntezeitpunkt abwägt, sorgsam alle Parameter für einen perfekten Wein austariert, um den Tropfen dann in irgendeine Flasche zu füllen. Den es wenig schert, welche Farbe und Form die Flasche hat, in die er seinen Wein abfüllt, ob es ein Schraub- oder Korkverschluss ist und welches Design er für sein Etikett wählt. Wie sich das Papier des Etiketts anfühlt und welcher Kleber zur Anbringung genutzt wird. Unvorstellbar.

Natürlich sprechen wir nur über die Verpackung. Wichtig ist der Inhalt, und das ist oftmals wundervoller Honig von passionierten Imker*innen. Und für jede Gestaltung gibt es sicherlich ihre Liebhaber*innen. Aber da wir Imker*innen unseren

MEIN GLITZERGLÜCK

RHAPSODY IN YELLOW

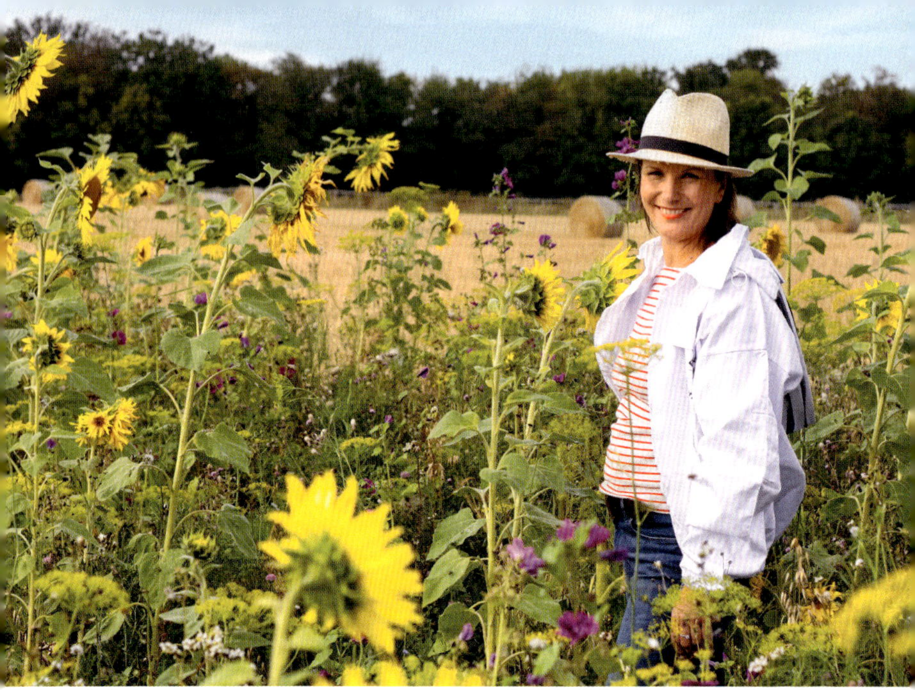

WUNDERSCHÖN UND ÜBERLEBENSWICHTIG

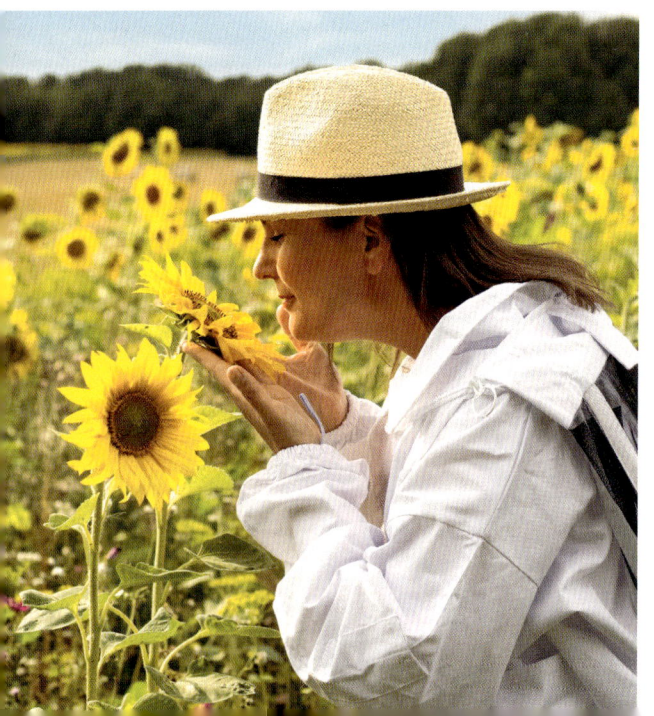

ABWECHSLUNGSREICHE BLÜHSTREIFEN

BIENENPARADIES IN TRACHTARMEN ZEITEN

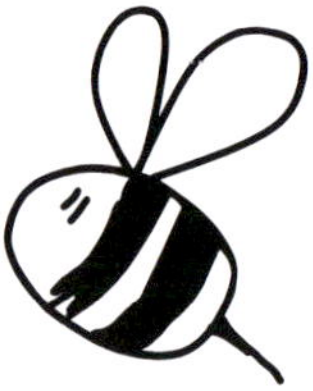

NO WORDS NEEDED

#LOVEMYJOB

AUS EINER HANDVOLL
BIENEN ENTSTEHT
EIN GANZES VOLK:
DIE BILDUNG VON
ABLEGERN EMPFINDE
ICH ALS EINE DER
SCHÖNSTEN ARBEITEN
IM JAHRESVERLAUF.

MEIN TRAUM
WIRD GREIFBAR:
DIE ERSTE HONIGERNTE.

GLÜCK IM GLAS

UND ES SCHMECKT
KÖSTLICH!

IMKERGLÜCK

WIR TEILEN DIE LIEBE ZU DEN BIENEN, ZUR NATUR UND ZUM LEBEN

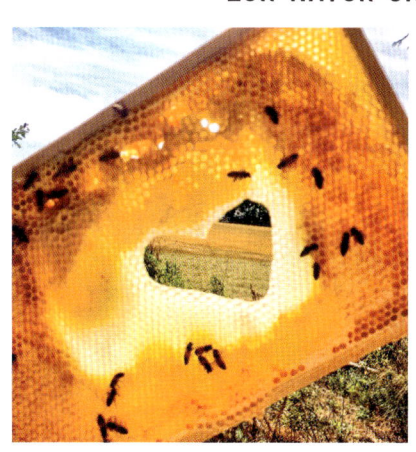

GEMEINSAM IM ENTSPANNTEN GLEICHGEWICHT

INSPIRATION BIENENVOLK

LEBENSWERTE ALTERNATIVE ZUM STÄNDIGEN WACHSTUMSSTREBEN

NACHHALTIG
LEBEN

LANGSAMER
LEBEN

BEWUSSTER
KONSUMIEREN

INTENSIVER
WAHRNEHMEN

OSTSEEGLÜCK

LET'S
GET
SALTY

TIME FOR A THROWBACK PICTURE

HOSENANZUG STATT LATZHOSE

WIE AUS EINEM ANDEREN LEBEN:
MEIN JOB IN DER MARKETING- UND
KOMMUNIKATIONSWELT ...

THE LITTLE BEES

BIENEN BEGEISTERN
AUCH DIE KLEINSTEN

Honig ja auch verkaufen möchten, müssen wir uns selbstkritisch fragen, woran es liegt, dass es so schwer ist, für ein großartiges Produkt einen adäquaten Preis zu erzielen?

Ich glaube daran, dass ein Honig, der mit viel Wissen und in Handarbeit hergestellt wird, wertvoll ist und dass sich dieser Wert auch in einem angemessenen Preis widerspiegeln sollte. Ich stehe als Imkerin mit meinem Namen dafür ein, dass mein Honig aus einer Natur im Gleichgewicht stammt und dass alle Eingriffe an meinen Völkern bienenfreundlich und nachhaltig sind. Und dieser Anspruch spiegelt sich schließlich auch in meinen Etiketten und in der Art der Verpackung wider.

Wesensgemäß imkern

Das respektvolle Arbeiten mit der Natur und die Achtung vor den Tieren haben mich früh durch die Waldorfpädagogik geprägt. Darin liegt sicher auch einer der Gründe, dass ich mich schließlich für die wesensgemäße und naturnahe Imkerei entscheide. Auch wenn mein Mann sich anfangs an den üblichen Scherzen über die Waldorfwelt versuchte, ist er jedes Mal berührt, wenn wir meine alte Schule und die rund um das Schulgelände angesiedelten landwirtschaftlichen Betriebe besuchten. Die Ruhe, die ein so gesunder Kreislauf ausstrahlt, erfasst auch ihn. Körper, Geist und Seele sind ein Dreiklang, der zusammengehört, und auch Boden und Tiere eines Hofes sind Teil eines Ganzen, das nur in einer nachhaltigen Ausgewogenheit funktionieren kann.

Es ist ein festes Ritual bei einem Besuch in meiner alten Heimat, dass wir mit unseren Kindern den Schülerhof besuchen, und ich erfreue mich stets an der ruhigen Atmosphäre und gesunden Balance, die dieser kleine Hof verströmt.

Naturgemäß sieht man als ehemalige Schülerin vieles an seiner Schule kritisch. Was ich jedoch uneingeschränkt schätze und in mir trage, ist der tiefe Respekt vor der Schöpfung, der dort vermittelt wird.

Ich kann mit meinem Mann über die Hörner, die mit Dung gefüllt am Rand des Ackers eingegraben werden, durchaus schmunzeln. Kristalle und Dunghörner klingen für jeden Außenstehenden erst einmal befremdlich. Der Respekt gegenüber der Erde, den Pflanzen und Tieren trifft jedoch bei vielen Menschen auf eine tiefe Sehnsucht und erfasst so auch die Imkerwelt. Vor etwa dreißig Jahren entwickelte sich aus der anthroposophisch geprägten Imkerei die Grundhaltung der sogenannten wesensgemäßen Imkerei. Dieser Zeitpunkt geht vermutlich nicht ganz zufällig mit den beginnenden intensiven Bemühungen der Imker*innen, die Bienen vor der Varroamilbe zu schützen, sowie den gravierenden Veränderungen in unserer Landwirtschaft zu einer immer intensiveren Bewirtschaftung einher. Hier war bereits einiges ins Ungleichgewicht gekommen, und mit alternativen Ansätzen versuchen Imker*innen, das Verhältnis zwischen Mensch, Biene und Natur wieder in ein Gleichgewicht zu bringen. Wesensgemäß und naturnah Bienen zu halten, ist ein Versuch, etablierte Mechanismen in der Imkerei zu hinterfragen und neue Wege zu finden. Dabei wird das Tier respektvoll ins Zentrum der Entscheidung gestellt und das Verhältnis so austariert, dass es beiden Seiten gut geht. Nicht die Ertragsmaximierung oder Arbeitsvereinfachung aus Sicht des Imkers ist der Fixpunkt des Handelns, im Mittelpunkt stehen die Biene sowie der Respekt und die Achtung gegenüber den Wesenseigenschaften des Tieres.

Was bedeutet hingegen konventionelle Imkerei? Ein Beispiel soll dies ansatzweise zeigen. In der konventionellen Imkerei ist neben der Ertragsmaximierung und damit der Ernte von möglichst viel Honig das Stutzen der Königinnenflügel noch gebräuchlich, um dem Verlust von Schwärmen vorzubeugen. Bei den während der Schwarmzeit wöchentlich anfallenden Völkerkontrollen kann ein Fehler wie das Übersehen von Schwarmzellen bei der nächsten Kontrolle noch ausgebügelt werden. Das Stutzen der Königinnenflügel soll verhindern, dass ein Bienenschwarm entkommt. Da die flugunfähige Königin dem Schwarm nicht auf den ausgesuchten Baum folgen kann und ins Gras stürzt, kehren die Schwarmbienen zurück und warten in der Beute ab, bis der oder die Imker*in kommt und die Schwarmzellen zerstört.

»Das hört sich ja alles ganz einleuchtend an, die Biene respektvoll in den Mittelpunkt seines Handelns zu stellen, aber was genau ist es denn noch, was du konkret anders als konventionelle Imker machst?«, fragt Klaas mich zögernd und lässt seine Beine aus der Hängematte baumeln. »Da geht es doch auch um Bienen und Honig! Und ob es die Bienen jetzt wirklich so interessiert, dass ihr Zuhause aus natürlichen Rohstoffen gebaut ist, bezweifle ich ehrlich gesagt. Dass deine Völker auf ökologisch bewirtschafteten Flächen stehen und du den Bienen einen Teil ihres Honigs als Vorrat lässt, damit sie gesund durch den Winter kommen, leuchtet mir hingegen schon ein.«

»Die Art, wie ich meine Bienen halte, orientiert sich an den natürlichen Bedürfnissen und Instinkten des Bienenvolks. Ich bin überzeugt, dass Bienen einfach das tun sollen, was sie ihrem natürlichen Rhythmus entsprechend ebenso tun. Also gebe ich ihnen nicht nur vorgefertigte Mittelwände, sondern sie bauen selbst ihre herrlichen Waben und erobern verführerische Blüten. Die Bienen dürfen ihren Schwarmtrieb leben, was ja auch ihre natürliche Form der Fortpflanzung ist. Es bedeutet zudem, als Imker*in nicht mit gezüchteten Königinnen in die Völker einzugreifen und die Bienen auch auf einem Teil ihres eigenen Honigs überwintern zu lassen«, sage ich bestimmt. »Wenn die Bienen ihrem Wesen gemäß herumsummen und leben dürfen, ist das die Grundlage für eine Imkerei im Gleichgewicht der Interessen von Menschen und Tier. Es geht mir in meiner Imkerei nicht um die absolute Ertragsmaximierung, also darum, wie viel Kilogramm Honig ich pro Volk heraushole. Das ist eine Art von Imkerei, die mich so gar nicht interessiert. Die respektvolle, dem Wesen der Biene entsprechende Haltung ist die einzige Form der Imkerei, die ich mir für mich vorstellen kann. So, und jetzt genug von den Bienen, ich brauche erst mal eine Zitronenlimonade. Die habe ich vorhin mit Tjard gemacht, und wir haben sie mit Honig gesüßt. Schmeckt grandios. Möchtest du auch ein Glas?«, frage ich Klaas und schwinge mich aus unserer großen Hängematte.

»Unbedingt, und jetzt, wo ich weiß, wie entspannt und zufrieden die Bienen in deiner Imkerei sein können, umso lieber!«, sagt Klaas und küsst mich auf die Wange.

UNBEIRRT

Wie ich mit unerwarteten Herausforderungen
konfrontiert werde und spüre, dass Ausgeglichenheit
und Ruhe auch auf meine Bienenvölker abfärben

Ich atme tief ein und langsam und bewusst wieder aus. Schließe meine Augen, um ganz bei mir zu sein und das Rauschen des Meeres intensiv wahrzunehmen. Ich spüre den kühlen Ostseesand an meinen Füßen und genieße jeden meiner Atemzüge. Schmecke das Salz auf meinen Lippen. Zum ersten Mal seit Monaten lasse ich los und entspanne mich, jetzt wo ich spüre, dass ich auf dem richtigen Weg bin mit meiner Manufaktur.

Aus den teilweise chaotischen Anfängen mit zwei Bienenvölkern hat sich innerhalb weniger Jahre tatsächlich eine kleine, feine Imkerei und nachhaltige Honigmanufaktur entwickelt. Die Nachfrage nach meinem Honig aus bienenfreundlicher Imkerei wächst, und zahlreiche Aufträge für die kommenden Monate stapeln sich auf meinem Schreibtisch. Mein Kundenstamm erweitert sich Jahr für Jahr, und neben vielen Privatkunden ordern immer mehr Unternehmen Honiggläser als Geschenk für ihre Kund*innen und Mitarbeiter*innen. Aber mir ist klar, dass ich auch neue Absatzwege brauchen werde.

In diesem Frühjahr blüht die Natur so reichhaltig und die Bienen sammeln so emsig Nektar, dass sich ein Teil der Honigernte nun in eindrucksvollen Edelstahlbehältern im Lager ansammelt. »Es wird definitiv Zeit für eine gute Vermarktungsstrategie«, sagt Klaas, als er mich in der Manufaktur besucht und die Vorräte betrachtet. »Und wenn du jetzt bekannter und sichtbarer mit deiner Manufaktur wirst, dann musst du sie auch markenrechtlich absichern, einfach damit du dich an der Kante nicht rechtlich angreifbar machst.« Ich nicke und seufze zugleich leise auf. Gehe ich einen Schritt mit der Manufaktur voran, ergeben sich daraus mindestens gleich zwei neue Projekte.

Der nächste Schritt für meine Manufaktur ist nun klar: Wieder einmal würde ich in meine Selbstständigkeit investieren, mir einen Fachanwalt für Markenrecht suchen und beim Markenamt den Namen meiner Imkerei schützen lassen.

Der lange Weg zu Edenlicious

»Das kann doch echt nicht sein!« Fassungslos blicke ich auf die eng beschriebenen Seiten und die abschließende Bewertung des Hamburger Juristen, den ich vor wenigen Wochen beauftragt hatte. Ich hatte die Anmeldung des Markennamens als unkomplizierte Formsache betrachtet und ihr zugegebenermaßen wenig Beachtung geschenkt, denn meine Imkerei soll schlicht und einfach meinen Nachnamen tragen. Das Unternehmenslogo und die Gestaltung der Gläser, Prospekte und Materialien habe ich schon lange bis ins Detail geplant. Als letzter Schritt fehlt also nur noch die förmliche Anmeldung beim Deutschen Patent- und Markenamt. Kein großes Thema, denke ich, denn mein Name ist schließlich mein Name. Den kann mir nun keiner streitig machen.

Mit dem Schreiben meines Anwalts werde ich jedoch eines Besseren belehrt und ahne, wie naiv ich war. Die Rechte an dem Namen Eden liegen bereits vollumfänglich bei einer Firma, die gerade durch den Zukauf einer kleineren Firma mit ebendiesem

Namen ihren Marktanteil im Bereich Honig und Biofrucht-
aufstrich massiv ausbaut. Die eng geschriebenen Zeilen ver-
schwimmen vor meinen Augen ineinander, aber mir ist klar –
ich werde keine Chance haben, meinen Honig unter meinem
Namen zu vertreiben. Eigener Nachname hin oder her, das
scheint offenbar völlig unerheblich zu sein. Die ganze Gestaltung
und Entwicklung des Logos, der Etiketten und aller anderen
Details sind mit einem Handstreich hinfällig geworden. Wenn
ich meine Imkerei weiterführen möchte, würde ich die gesamte Gestaltung auf den Kopf stellen müssen, und vor allem: Ich
muss schnell einen neuen, vielversprechenden Namen für meine
Imkerei finden, der noch nicht geschützt ist. Ich seufze tief auf.

»Ist wohl nicht so gut gelaufen?«, fragt mein Mann vorsichtig,
als er die Tür zum Badezimmer öffnet und ihm die Schwingun-
gen meiner missmutigen Laune entgegenschwappen. In einer
Endlosschleife dröhnt *No Surrender* von Bruce Springsteen aus
dem Lautsprecher. Von mir sieht man hingegen nichts – einzig
die Spitze des Buches, in das ich mich vertieft habe, blitzt aus
dem Schaumberg, der sich in der Badewanne auftürmt, hervor.

Wenn ich im Laufe meiner Existenzgründung wieder einmal
das Gefühl habe, es geht so gar nicht weiter, alles hat sich gegen
mich verschworen und es gibt einfach viel zu viele Hindernisse
auf meinem Weg, ziehe ich mir aus dem Bücherregal dieses
Buch hervor. Meinen Seelentröster. Ein recht schmales Buch,
aber für mich ist es ein beständiger Mutmacher: die Geschichte des ehemaligen Fußballprofis Bobby Dekeyser.

Sein verrückter Lebensweg hält sich keinen Millimeter an
die klassischen Parameter einer Karriereplanung, sondern
ist geprägt von tiefer Begeisterung für das, was er tut, einem

konsequent gelebten Optimismus, einem starken Familiensinn, der Passion, kreativ zu sein und niemals aufzugeben. Bekannt wurde Dekeyser schließlich als Unternehmer der Möbellinie Dedon. Und jetzt ist es einmal wieder so weit, dass ich einen Ansporn und den Glauben daran brauche, dass es weitergeht. Trotz alledem.

»Und was hältst du von Edenlicious? Da hättest du immer noch den Bezug zu unserem Namen und eine Verbindung zu *delicious!* Außerdem dürfte er noch nicht geschützt sein – zumindest sieht das nach meiner ersten Schnellrecherche so aus.« Mein Mann schaut von seinem Notebook auf und blickt mich Begeisterung heischend an. Klaas ist bei unserem Brainstorming kaum noch zu halten, die Vorschläge für einen neuen Unternehmensnamen perlen nur so aus ihm heraus, und nichts scheint ihn davon abzuhalten zu können, mich endlich wieder aufzuheitern.

»Hmm, ja, gar nicht so schlecht, eigentlich sogar ziemlich gut«, knurre ich noch etwas missmutig, nicke aber schließlich zustimmend. Und tatsächlich bleibt dieser Name am Ende des Tages als einziger auf dem großen Zettel stehen. Edenlicious also. Nicht ganz, wie ursprünglich geplant, aber definitiv ein Name, der irgendwie gut passt. Ich bin unsagbar erleichtert. Endlich haben wir einen Namen gefunden!

Leider habe ich die Rechnung ohne eine kleine obstbäuerliche Vereinigung gemacht, die direkt nach meiner neuerlichen Markenanmeldung Einspruch erhebt. Das ganze Projekt rund um den Namen meiner Imkerei nimmt mittlerweile völlig absurde Züge an, und um nicht völlig an meinem Plan zu verzweifeln, muss ich mich immer wieder an Theodore Roosevelts »Nothing worth having comes easy« erinnern.

Ich hatte mit vielen Unwägbarkeiten meiner Selbstständigkeit gerechnet, mit dieser ehrlich gesagt nicht. Um es kurz zu machen: In den nächsten Monaten verfluche ich den Namen Eden nahezu täglich, erwäge kurzfristig die Scheidung, um meinen Mädchennamen wieder annehmen zu können, und finde schließlich einen Kompromiss mit den Obstbauern.

In der Zwischenzeit habe ich genug Muße, mich mit dem weiteren Aufbau meiner Imkerei zu beschäftigen. In meiner Arbeitsweise bin ich zwischenzeitlich schon ein gutes Stück weitergekommen. Dank Udos Hilfe beschränken sich meine Eingriffe bei den Völkern nun nur noch auf wenige gezielte Maßnahmen. Auch meine Arbeitsweise wird immer ruhiger, überlegter und besonnener. Ich weiß, was ich tue und wie ich es tun möchte. Hatte ich früher Unmengen an Rauch in die Beute gepustet, gehe ich dabei heute sehr viel zurückhaltender vor.

Auch meine Bienenvölker sind nun so ausgewählt, dass sich keine stechwütigen Kandidatinnen mehr darunter befinden. Zu Beginn hatte es immer wieder Tage gegeben, an denen bei manchem Volk eine Handvoll Bienen umgehend eine Attacke auf mich flog, sobald ich den Deckel öffnete. Ich beantwortete diese aggressiven Angriffsflüge mit so viel Rauch, dass das Volk sich schließlich beleidigt geschlagen gab und sich tief in die Beute zurückzog.

Heute weiß ich, dass bei einem entspannten, friedfertigen Bienenvolk ein solcher Aufwand nicht nötig ist und ich den damit verbundenen Stress meinen Bienen getrost ersparen kann. Udo zeigt mir auch hier den für mich richtigen Weg. Während ich meinen Smoker anfangs fast wie eine Waffe umklammert hielt, genügt ihm seine ruhige Ausstrahlung. Nun ja, zumindest fast. Ich lerne, dass sein ruhiges und ausgeglichenes Arbeiten die Stimmung des Volkes bestimmt, sodass nur hier und da ein kleiner Rauchstoß oder manchmal auch nur ein kurzer Sprühstoß aus der Wasserflasche notwendig sind, und das Volk bleibt gelassen und ruhig. Die Arbeit am Bienenstock ist auf diese Weise viel schöner und entspannter, denn ich spüre, dass meine innere Ruhe auf das Bienenvolk ausstrahlt.

Je größer meine Imkerei wird, umso klarer ist, dass ich eine bessere Übersicht brauchte. Wenn ich mit Udo am Bienenstand arbeite und er mich spontan fragt, wie alt die Königin in diesem Volk ist, kann ich es oft nicht mit Bestimmtheit sagen. War sie aus diesem Jahr? Oder doch aus dem vergangenen? Irgendwo muss doch noch die Stockkarte sein, in der ich die wesentlichen Eingriffe bei jedem Volk vermerke. Natürlich ist sie gerade jetzt nicht auffindbar. Aber wenn ich selbst keinen direkten Überblick habe, wer soll mir denn dann helfen? Also bleibt mir nichts anderes übrig, als das gesamte Volk durchzuwühlen und nach der Königin Ausschau zu halten, die ich ja immer brav farbig markiere. Mittlerweile bin ich darin geübt und kann das Fräulein mit dem bunten Pünktchen schnell finden.

Udo schaut mich nachdenklich an. Aber er muss gar nichts sagen, ich weiß ja selbst, dass das so nicht gut ist. Wenn ich nicht weiterhin unnötige Unruhe in das Bienenvolk bringen möchte, dann muss ich einen Weg finden, um gezielt zu schauen und das Volk für mich offensichtlich, unverwechselbar und klar zu markieren.

»Ja, mein Mädchen, ich erzähl dir mal, wie ich es mache. Ich züchte ja Königinnen und tausche sie jedes Jahr aus, da kommt erst gar nicht so ein Durcheinander wie bei dir zustande. Jedes Volk hat immer eine junge Königin, und alle Völker haben so immer einheitlich ihre Königin aus demselben Jahr. Du mit deiner nachhaltigen Imkerei versuchst ja, auf die Königinnenzucht zu verzichten. Dann lass uns mal schauen, was sonst so zu dir passt. Das Einfachste ist ja, sich ein Päckchen Reißzwecken zu kaufen und die Beute mit der entsprechenden Farbe zu markieren. Dann hast du mit einem Blick auf deine Völker gleich einen Eindruck, wo du stehst: drei Vorjahresköniginnen hier, fünf Jungköniginnen dort. Wenn du die Königin gezeichnet hast, kommt die Reißzwecke einfach auf die rechte Rückseite, falls sie noch nicht gezeichnet ist, einfach auf die linke Seite der Beute.«

Dankbar schaue ich Udo an. Die meisten seiner Ideen sind so simpel, dass ich mich frage, warum ich nicht selbst darauf gekommen bin! Aber gerade diese kleinen Kniffe und Tricks kann man sich bei einem erfahrenen Imker perfekt abschauen und muss nicht mühsam die Fehler wiederholen, die andere bereits gemacht hatten.

Der nächste Punkt, an dem ich etwas ändern will, ist schon etwas komplexer. Damit es nicht noch einmal zu einem solchen Irrtum mit der Weiselrichtigkeit eines Volkes kommt, wie ich es im Frühjahr erlebt habe, muss ich systematischer arbeiten. Bei 25 Bienenvölkern habe nicht mehr jedes Mal Zeit und Muße, alles exakt auf einer Stockkarte zu dokumentieren. Auch eine App für die digitale Imkereiverwaltung unterbricht meinen Arbeitsfluss zu sehr und passt nicht zu meinem Rhythmus. Ich brauche etwas ganz Einfaches, etwas, was mir auf den ersten Blick einen Eindruck von dem jeweiligen Entwicklungsstand bei der Königin-Nachschaffung des Volkes verschafft. Nachdem die Reißzweckenmarkierung schon so perfekt für mich funktioniert hatte, was liegt näher, als Udo zu fragen?

Beim nächsten Treffen auf der Apfelwiese ist es so weit. Mit meinen Fragen finde ich bei Udo glücklicherweise stets offene Ohren, schätzt er es doch, dass sein Rat gefragt ist, ich meine Fehler erkenne und immer versuche, mein Vorgehen weiter zu verbessern.

»Ich bekomme die ganze Geschichte mit meinem vermeintlich weisellosen Volk ja immer noch nicht ganz aus meinem Kopf«, beginne ich vorsichtig, nachdem wir uns begrüßt haben. Udo nickt zustimmend und schweigt. »Ich brauche einfach eine bessere Übersicht. Damals wollte ich unnötigerweise den starken Völkern junge Brut entnehmen und sie dem vermeintlich weisellosen Volk geben. Das sind alles Eingriffe, die in den Völkern Unruhe schaffen, die einfach nicht nötig ist.«

Udo lässt mich erst einmal berichten und räuspert sich leise. Auch ihn hat das Thema offenbar nicht ganz losgelassen, und er scheint erleichtert, dass ich selbst die Sprache darauf bringe.

»Ist dir an meinem Stand etwas aufgefallen? Ich nutze zur Beschwerung der Styropordeckel ja Bügel, aber zusätzlich auch rechteckige Steine. Und warum das Ganze? Weil ich eine Geheimsprache damit entwickelt habe! Ich sehe mit einem Blick auf meinen Stand sofort, welche Völker eine Königin haben, also weiselrichtig sind. Und bei den Völkern, die nicht weiselrichtig sind, kann ich an der Position des Steines direkt ablesen, in welchem Stadium sich die Nachschaffung gerade befindet.« Ich blicke Udo fragend an. Steine? Geheimsprache? Udo spricht in Rätseln. Ich bin zugegeben sprachlos, und Udo spürt meine Ratlosigkeit. Kurz entschlossen legt er seine Hand auf meine Schulter und dreht mich zu einem meiner Bienenstöcke. »Ach Stephanie, nicht immer so kompliziert denken. Wir schauen uns das einfach mal praktisch an. Nehmen wir an, dieses Volk ist weiselrichtig. Dann kommt der Stein in die Ausgangsposition: mittig in Längsrichtung. Heißt: weiselrichtig, alles in Ordnung. Bemerke ich jedoch bei der Durchsicht, dass das Volk weisellos ist, drehe ich den Stein um neunzig Grad mittig in Querrichtung. Unmissverständliche Aussage: Bei diesem Volk stimmt etwas nicht. Jetzt hast du mit dieser einfachen Markierung schon auf den ersten Blick einen Eindruck, wie es auf deinem Stand aussieht. Bei diesen sechs Völkern ist alles in Ordnung, bei den anderen Völkern dort drüben ist etwas unstimmig. Bei diesen gilt es nun bei deiner wöchentlichen Durchsicht, eine noch feinere optische Unterscheidung mittels des Steines festzulegen.« Udo zieht einen zerknitterten Zettel und einen Stift aus seiner Jackentasche. »So, jetzt machen wir uns hier mal einen ganz einfachen Plan, der die einzelnen Stadien der Entwicklung einer Königin aufzeigt und dokumentiert. Also in diese Spalte trägst du den Ablauf der Tage von 1 bis 32 ein. In die zweite Spalte kommt das Stadium, in dem sich das Volk befindet. Dann notierst du dir in der dritten Spalte den Wochentag, an dem du die frische Brut am ersten Tag des Eistadiums eingehängt hast. In der vierten Spalte kannst du dann die Steinstellung notieren. Grob gesagt sind es also knapp fünf Wochen, die wir hier skizziert haben. Also alles ganz einfach, du wirst schon sehen!«

Begeistert strahlt Udo mich an und wartet erwartungsvoll auf meine Meinung. Beeindruckt von seiner Ausführung sammele ich mich kurz. »Alles klar, Udo. Klingt sinnvoll und scheint eine echt gute Lösung zu sein. Zumindest für mich.

Das werde ich definitiv so ausprobieren!« Gesagt, getan. Ein Jahr später ist klar: Für mich ist Udos Stein-Geheimsprache perfekt, und jegliches Chaos am Bienenstand gehört der Vergangenheit an.

Aber ich weiß: Nicht nur die Arbeit am Bienenstand bedarf einer besseren Systematisierung. Auch das Abfüllen und Etikettieren meines Honigs können nicht mehr lange in den handgestrickten Strukturen der ersten Jahre weiterlaufen. Solange es nur einige Hundert Gläser Honig für unseren Freundes-, Bekannten- und Nachbarkreis waren, ließ sich das noch gut handhaben. Aber diese Zeiten sind nun eindeutig vorbei.

Denn meine kleine Honigmanufaktur wächst beständig – und so fülle ich an meinen Produktionstagen mittlerweile Tausende von Honiggläsern ab. Da ich nicht nur meine normale Honigglasgröße befülle, sondern für Hochzeiten, Familienfeiern und als Werbegeschenke auch Minigläser anbiete, werden die stundenlangen Abfüllmarathon-Sitzungen allmählich zu einer Sisyphusarbeit. Hörbücher über Hörbücher stapeln sich mittlerweile neben meiner Abfüllstation.

Gerade lausche ich wieder einmal Jürgen Tautz' Stimme in *Superorganismus Honigbiene* – meine Gedanken schweifen bei der monotonen Arbeit aber unweigerlich immer wieder in die Ferne. Zapfhahn auf, warten, bis langsam, ganz langsam der Honig in das Glas geflossen ist, immer mit einem Blick auf die Waage, dann genau passend den Zapfhahn schließen, noch einmal wiegen, Tropfen wegwischen, und dann wieder von vorn ... und wieder von vorn ... und wieder ... Dieses Mal habe ich eine Sekunde zu lang gewartet, den Zapfhahn meines Honigkübels nicht schnell genug geschlossen, und schon ist es zu spät. In satten Wellen faltet sich der Honig über den Rand des Glases. »Das kann doch echt nicht wahr sein«, schimpfe ich laut mit mir selbst. Dieses mit Honig bekleckste Glas kann ich direkt an den Rand schieben, das ist so nicht mehr zu gebrauchen. Schließe ich nicht schnell genug den Quetschhahn oder verrutsche nur ein wenig mit dem Honiggläschen, kann ich gleich wieder von vorn anfangen. So kann es nicht weitergehen, denke ich mir. Wenn sich die Nachfrage noch mehr steigert, werde ich bald jede Nacht hier sitzen und Honiggläschen um Honiggläschen abfüllen ... Bereits jetzt spüre ich schmerzhaft meinen Nacken, meine Schultern sind völlig verspannt, und auch mein Rücken schmerzt erbärmlich ...

Aufgeschreckt durch Klaas' Stimme wird meine Konzentration wieder auf den Quetschhahn vor mir gelenkt: »Wie viel genau kostet denn dieser automatische Abfüller, von dem du erzählt hast?« Ich seufze. »Mindestens zweitausend Euro, wenn nicht mehr. Und eine andere Honigschleuder brauche ich auch dringend, meine alte Tangentialschleuder ist ja nur für wenige Völker ausgelegt und macht mehr Ärger, als dass sie hilft. Und dann wäre natürlich eine gute Rührmaschine perfekt. Eine, die mindestens für dreihundert Kilo ausgelegt ist. Und eine passende Siebanlage, die würde mir die Arbeit auch enorm vereinfachen.« Ich denke noch etwas weiter über meine ideale Imkerei-Ausstattung nach. Wenn ich all das zusammenaddiere, komme ich locker auf eine Investition von über zehntausend Euro. Der Traum meiner perfekt ausgestatteten Imkerei muss wohl noch ein wenig warten ... Andererseits, auch ich sehe mittlerweile ein, dass kein Weg mehr daran vorbeiführen wird, das Material für meine Honigverarbeitung der Zahl meiner Bienenvölker besser anzupassen.

»Stephanie, ganz ehrlich, der Zeitpunkt für eine vernünftige Schleuder, ein gutes Sieb, das passende Rührwerk und eine Abfüllmaschine ist nicht irgendwann. Der ist schon lange überfällig und allerspätestens jetzt und hier erreicht. Du kommst jetzt schon kaum noch hinterher, geschweige denn dass du dich auf die Sachen konzentrierst und vorantreibst, die du gut kannst und die dich ausmachen. Du verhedderst dich hier gerade im Klein-Klein, und das funktioniert mit 25 Bienenvölkern und dem ganzen Versand rund um deine Honigmanufaktur einfach nicht mehr. Und schon gar nicht mit drei Kindern, wenn du sie im Frühling, wenn die Imkerei auf Hochtouren läuft, noch sehen möchtest. Jetzt ist der Zeitpunkt, an dem du dich entscheiden musst, ob du diesen Weg wirklich weitergehen willst. Wenn ja, dann ziehen wir das durch und bestellen morgen alle Geräte, die notwendig sind. Du hast dieses Jahr so geschuftet und einiges auf die Seite legen können, und für den Rest können wir bestimmt einen Kleinkredit auftreiben. Das wird schon. Aber wenn du dir nicht wirklich sicher bist, ob das dein Weg ist, dann musst du die Imkerei verkleinern. Vielleicht noch als Hobby betreiben. So wie jetzt geht es auf jeden Fall nicht mehr weiter. Entweder du gehst den Weg mit der Honigmanufaktur jetzt konsequent, oder du lässt es. Die Entscheidung liegt bei dir. Vollständig. Aber du musst dich entscheiden. Da lasse ich nicht mehr mit mir diskutieren.«

Klaas hat natürlich recht. Wie immer eigentlich. Irgendwie führe ich die Imkerei in den letzten Monaten eher mit angezogener Handbremse als mit ganzem Herzen. Aber warum? Selbst die Auseinandersetzungen um den Markennamen sind endlich beigelegt und hindern mich nicht mehr, die Manufaktur konsequent voranzutreiben.

Ich habe in den vergangenen Jahren vieles ausprobiert, Rückschläge und Erfolge erlebt und meine kleine Manufaktur immer weiter aufgebaut. Und nun stehe ich in diesem Moment am Scheideweg, wie es weitergehen soll. Es läuft eigentlich alles gut, nur fehlt mir offenbar eine klare Perspektive und Zielsetzung. Ist eine nachhaltige Imkerei tatsächlich die Aufgabe, die ich von ganzem Herzen vorantreiben will? Oder habe ich mich innerlich bereits etwas ganz anderem zugewendet und möchte es mir selbst nur nicht eingestehen? Ich lasse meinen Gedanken freien Lauf. Erlaube mir selbst, in jede Richtung zu denken.

Sekunden später sind meine Gedanken bereits sortiert, und ich bin mir absolut sicher. Ich will diese nachhaltige Imkerei, und meine Bienen sind ohne Frage das, was mich glücklich macht. Mein Ziel, die Manufaktur weiter voranzutreiben, ist in den vergangenen Monaten jedoch durch den unerbittlichen Trott des Alltags und die Auseinandersetzung um den Markennamen merklich ins Stocken geraten. Meine Familie, unser Haus und die Imkerei beanspruchen meine Zeit und fordern mich offenbar mehr, als ich es mir eingestehen will. Mit meinem Ansatz, als One-Woman-Show das Alltagsgeschäft der Manufaktur zu wuppen und zugleich neue Ideen zu entwickeln, umzusetzen und voranzutreiben, komme ich einfach an meine Grenzen. Ich spüre deutlich, dass ich klarer eine Linie ziehen muss, was ich leisten kann. Und akzeptiere in diesem Prozess, dass ich nicht alles allein bewältigen muss, sondern mehr Unterstützung einfordern darf. Dass ich jemanden brauche, der mir zuverlässig einen Teil der Hausarbeit abnimmt, damit ich meine Kraft stärker in die Manufaktur stecken kann. Und dass ich mir die Geräte anschaffen sollte, die einige Prozesse in meiner Imkerei stärker automatisieren.

Ich nicke zustimmend. »Ja«, sage ich mit einem Lächeln auf den Lippen. »Lass uns den ganzen Weg gehen und die Imkerei mit dem passenden Equipment ausstatten. Ich bin mir absolut sicher. Die Imkerei ist mein Herzensprojekt, es ist genau das, was ich möchte!«

»Gut, alles andere hätte mich auch überrascht. Dann lass uns heute Abend aber auch einmal in aller Ruhe glatt ziehen, worauf du zukünftig deinen Schwerpunkt legst, okay?« Klaas schaut mich aufmunternd an und lächelt. Ich atme erleichtert aus. Und fühle mich von einer zentnerschweren Last befreit. Genau diesen einen Anstoß habe ich gebraucht.

»Wir schauen jetzt einfach mal, was dir an deiner Arbeit am meisten Freude macht, was dich von anderen abhebt und in welche Richtung sich die Manufaktur in den nächsten fünf Jahren weiterentwickeln soll. Klar ist, Nachhaltigkeit und der wesensgemäße Umgang mit den Bienen stehen bei deiner Imkerei im Fokus. Und es geht dir nicht um Masse. Also strebst du keine Großimkerei mit zweihundert Bienenvölkern an, oder?« Klaas schaut mich lächelnd an. Ich nicke zustimmend.

»Ja, klein und fein, das passt auf jeden Fall. Ich möchte nicht das Letzte aus den Bienenvölkern rausholen. Sie sollen im Gleichgewicht sein dürfen, und ich möchte nachhaltig arbeiten. Der Kreislauf meiner Imkerei soll geschlossen sein, sodass alles auch sinnvoll genutzt wird. Ich möchte beispielsweise das klebrige Entdeckelungswachs den Völkern zurückgeben, und nach dem Ausschlecken durch die Bienen könnte ich mit dem verbleibenden Wachs Bienenwachstücher herstellen. Wir können auch die Bestäubungsleistung der Bienen nutzen und Fruchtaufstriche herstellen, die natürlich, ohne viel Zucker und Konservierungsmittel haltbar gemacht werden. Und ich würde gern mehr bloggen und meine Leidenschaft für das Kochen und Backen mit Honig teilen! Denn kaum jemand weiß, wie köstlich und gesund man auch mit Honig kochen und backen kann! Eine Kombination aus alldem, das wäre für mich meine Traummanufaktur!«, sage ich glücklich und erleichtert, endlich alle meine Wünsche und Ansprüche einmal zusammengefasst zu haben.

»Das ist doch schon ziemlich konkret, und ganz ehrlich, das passt auch perfekt zu dir«, sagt Klaas zustimmend. »Dann lass uns das jetzt genau so angehen!«

Wochen später manövriert ein großer Transporter langsam im Rückwärtsgang auf den Hof und lässt schließlich die schwere Laderampe vor den Flügeltüren meiner Manufaktur herunter. Endlich ist meine Großbestellung da. Ein riesiges Paket mit schweren Edelstahlgerätschaften nach dem anderen wird in meine Werkstatt geschoben. Noch wird es einige Wochen dauern, bis die neuen Geräte ihre Feuertaufe erleben. Es ist zeitiges Frühjahr, erst in vier Wochen wird die Tracht beginnen, und ich werde den Völkern die ersten Honigräume aufsetzen können. Dann wird es noch weitere drei bis vier Wochen dauern, bis die Honigernte beginnt. Ich bin mehr als zufrieden, diesen Schritt getan zu haben. Und es kribbelt mir in den Fingerspitzen, meine neuen Schätze endlich ausprobieren zu können. Die Aussicht auf das neue Honigjahr kann nicht besser sein: Mit meinen Völkern bin ich vor wenigen Wochen bereits in die Tracht gezogen, sie stehen inmitten einer üppigen Rapsfläche, und das Frühjahr naht mit Riesenschritten. Mit meinen neuen Gerätschaften wird die Honigernte ein Kinderspiel werden!

Vorsichtig schälen wir die neue Schleuder aus ihrer Verpackung und lösen die Versandsicherung. Sie glänzt und funkelt uns an – und mich packt bei diesem Anblick ein klein wenig Besitzerstolz. Sie ist ein echtes Schmuckstück. Zufrieden, die Entscheidung für die professionelle Imkereiausstattung getroffen zu haben, schauen wir uns an.

»Du wirst überrascht sein, Klaas. Glaub mir, die Honigernte wird fast wie von Zauberhand in diesem Jahr laufen«, sage ich und strahle vor Glück und nicht ganz ohne Stolz über die gute Vorbereitung auf das neue Bienenjahr. Jetzt ist alles perfekt.

NAH AN DER NATUR

Wie mich ein verregnetes Frühjahr fast aus der
Bahn wirft und ich lerne, dass mehr Technik in meiner
Imkerei nicht unbedingt hilfreich ist

Und dann kommt wieder einmal alles völlig anders als geplant.

»Ja, ich möchte nah dran sein an der Natur und die Jahreszeiten intensiv spüren, aber doch nicht so!«, hallt mein verzweifelter Schrei weit übers Feld und echot mir in den Ohren. Meine seit Wochen angestauten Emotionen brechen an diesem Morgen unvermittelt aus mir heraus, als ich meinen Bienenstand erreiche. Der Lehmboden hier an der Ostseeküste, der im März noch so trocken und rissig gewirkt hatte, ist nach drei Wochen Dauerregen eine einzige Matschgrube. Wohin ich auch blicke, das Wasser steht mittlerweile in großen Pfützen auf dem Acker. Es sind eindrucksvolle Wassermassen, die der April und der Mai aufbieten und die sich auch auf dem Rapsfeld meines Bienenstandes sammeln. Ständen meine Bienenbeuten nicht auf hohen Holzböcken, hätten sie vermutlich schon Flossen bekommen.

Die Allmacht der Natur

Die zweite Maiwoche ist angebrochen, und von einem sonnigen Frühsommer ist weiterhin keine Spur. Es regnet unerbittlich von früh bis spät. Ständig. Wie aus den sprichwörtlichen Kübeln. Keine kurzen Schauer. Oder ein leichter Landregen. Sondern stattliche Regengüsse, als ob das Wasser aus vollen Eimern vom Himmel geschüttet wird. Jahr für Jahr verzeichneten wir in den Vorjahren im Mai an der Ostseeküste neue Hitzerekorde. Nicht so 2021. Es ist atemberaubend kühl, und Tag für Tag herrscht ein einziges Regendesaster. Keine Chance für die Bienen auf einen klitzekleinen Ausflug in den Raps. Statt schon längst die Honigräume aufzusetzen und Woche für Woche zu spüren, wie sie schwerer und schwerer werden, bin ich jetzt kurz davor, meine Bienen zur Sicherheit noch zu füttern, damit sie dieses jahrhundertverregnete Frühjahr überleben.

Dabei hatte es Ende März nach einem weiteren Hitze-Frühjahr ausgesehen. Bei fast dreißig Grad hatte ich die erste Frühjahrsdurchschau gemacht und an dem Tag noch über die ungewöhnliche Hitze geschimpft. Jetzt stehe ich bei der Durchschau Woche für Woche knietief im Matsch, wenn ich mich über den aufgeweichten Acker bis zu meinem Bienenstand vorgearbeitet habe. Ich würde gerade alles für eine Hitzewelle tun. Stattdessen ist meine vor wenigen Minuten noch blütenweiße Imkerjacke nach wenigen Sekunden bereits völlig durchweicht und mit braunem Schlamm vollgespritzt. Und ich bin zugegebenermaßen genervt von den Launen der Natur. Wenn man über Wochen nur zwischen zwei Regenschauern einen hektischen Blick in die Beute werfen kann und ständig seiner Durchsicht hinterherläuft, da das Wetter es einfach nicht zulässt, die Beuten zu öffnen, macht das Imkern definitiv keinen Spaß. Von einer gewissenhaften, ruhigen Durchsicht der Völker bin ich derzeit und zum ersten Mal in meiner Imkerkarriere meilenweit entfernt.

Plötzlich, nach endlosen verregneten Wochen, sieht es in der dritten Maiwoche jedoch unvermittelt so aus, als ob der Wonnemonat doch noch seine Meinung ändern würde. Zumindest einige sonnige, warme Tage sind vorhergesagt. Kaum habe ich beim morgendlich verschlafenen Blick auf die Wetter-App erfreut und zugleich ungläubig die neue Vorhersage gesehen, klingelt auch schon mein Handy. Natürlich ist es Udo. Er kann es offenbar noch weniger als ich erwarten, dass die Bienensaison losgeht.

»Stephanie, hast du alles vorbereitet? Die Honigräume müssen rauf, das wird doch noch was in diesem Jahr mit dem Rapshonig, glaub es mir! Bis übermorgen müssen sie spätestens auf den Beuten sein, schaffst du das?«

»Ja klar«, antworte ich etwas überrumpelt und noch schlaftrunken, aber in erster Linie glücklich und erleichtert, dass es doch noch losgeht. »Das passt auf jeden Fall, ich habe ja seit Wochen alles vorbereitet. Klaas ist zwar unterwegs, aber die Honigräume mit den ausgebauten und ausgeschleuderten Rähmchen kann ich locker allein auf die Beuten packen.«

»Alles klar, in zehn Tagen komme ich dann bei dir rum, und wir schauen, was die Bienen bis dahin eingetragen haben. Hoffentlich hält das Wetter! Bis dahin, mach's gut, meine Liebe!«

Udos Zuversicht stärkt meine Hoffnung, dass in diesem Frühjahr doch noch etwas möglich ist. Beschwingt packe ich am nächsten Morgen die ersten 25 Honigräume des Jahres auf den Anhänger und mache mich glückstrahlend auf den Weg zum Bienenstand. Ich fahre über die Feldwege und freue mich das erste Mal seit Wochen wieder von ganzem Herzen über die strahlend gelben Rapsfelder, die links und rechts des Weges leuchten.

Als ich in den Feldweg zum Bienenstand einbiege und auf den Rapsacker blicke, wird mir jedoch schlagartig der eine kleine Fehler in meiner Planung bewusst, und meine Laune trübt sich sekundenschnell. Denn zwei trockene Tage haben die schlammige Matschwüste nicht in einen trockenen Acker verwandeln können. Selbst mit dem Vierradantrieb würde ich niemals die fünfhundert Meter bis zu meinem Bienenstand fahren können. Zumindest nicht, wenn ich nicht vom Bauer und von seinem Trecker gerettet und zum Gespött im Städtchen werden wollte.

Ich blicke in den Rückspiegel und betrachte die eindrucksvollen Stapel an Zargen, die sich auf dem Anhänger türmen und auf ihren Einsatz warten. Es gibt schlicht nichts zu diskutieren: Wenn ich die Honigräume auf meine Bienenbeuten bringen will, dann gibt es nur einen einzigen Weg. Ich würde die Holzzargen hier vom Feldrand bis zu meinem Bienenstand tragen müssen. Jede einzelne. Auch die Reifen meiner Sackkarre würden nach spätestens einem Meter im Schlamm versinken. Hier und jetzt zählt einzig reine Muskelkraft. Demütig schwinge ich mich aus dem Auto und vermeide jeden weiteren Blick auf die Zargentürme. Seufzend hebe ich die erste Zarge an und beginne meinen mühsamen Weg zum Bienenstand. Egal wo ich hintrete, der Boden ist so schlammig und aufgewühlt, dass jeder einzelne Schritt Kraft kostet.

Als ich die dritte Zarge schleppe, spüre ich untrüglich etwas Feuchtes in meinem linken Gummistiefel. Auch wenn ich es zunächst zu ignorieren versuche – dieses Gefühl ist über jeden Zweifel erhaben. Meine linke Socke ist bereits völlig durchweicht, und durch eine poröse Stelle bildet sich offenbar ein kleiner See in meinem Stiefel. Bei jedem Schritt blubbert und matscht es unweigerlich. Von der Schlepperei bin ich zudem mittlerweile völlig außer Atem. Schließlich bin ich bei der fünften Zarge angelangt und will definitiv nicht mehr.

Ich setze mich kurz auf den Anhänger, lasse zur Entspannung meine Beine baumeln und trinke einen Schluck kühles Wasser. So hatte ich mir mein Arbeiten im Takt mit der Natur nicht vorgestellt. Aber es hilft in diesem Moment nichts, die Honigräume müssen auf die Beuten. Also mache ich einfach weiter, schleppe und schleppe und denke nur noch an ein warmes Bad und kuschelige, trockene Wollsocken. Ich könnte heulen und würde am liebsten weglaufen. Bereits jetzt tut mir mein ganzer Körper weh, und alles, aber auch wirklich alles schmerzt. Und die Zargentürme auf dem Anhänger wirken nicht ansatzweise so, als ob sie kleiner werden. Es wird eine halbe Ewigkeit dauern, bis ich auch die letzte Zarge zum Bienenstand geschleppt habe. Plötzlich lasse ich meiner Wut freien Lauf und schreie, nein, ich brülle lauthals über das ganze Feld: »ICH – WILL – NICHT – MEHR! Aus, Schluss, vorbei – ich möchte jetzt sofort einen Schreibtisch, eine kühle Biolimo und Konferenzobst, ich möchte diesen ganzen Naturwahnsinn nicht mehr! Und ich schwöre, dass ich mich nie wieder nach einem Tagesablauf sehnen werde, der von Tieren, vom Wetter und von der Natur bestimmt wird!«

Während das Wasser in meinem Gummistiefel weiter leise gluckert, lausche ich dem Hall meines Schreies. Die einzige Antwort, die mir die Natur in meiner abgrundtiefen Verzweiflung zu bieten bereit ist, ist das entrüstete Rufen eines Rehbocks, den ich in seiner Waldesruhe gestört habe. Ansonsten scheint die Welt um mich herum völlig unbeeindruckt von meinem Gefühlsausbruch zu sein.

Ich schleppe weiter und weiter meine Zargen zum Bienenstand und verfluche meinen Plan, Imkerin zu sein. Und meine Sturheit, mich auf nachhaltige Holzbeuten festzulegen. Mit jedem Schritt werden die verdammten Holzkisten noch ein

Stückchen schwerer. Nach gefühlten Stunden habe ich schließlich auch die letzte Zarge an den Bienenstand geschleppt. Wäre ich nicht bereits völlig geschafft, würde ich nun vermutlich in Jubel ausbrechen. Aber mein Körper ist zu keiner überflüssigen Regung mehr fähig. Meine Hände sind rot und rissig, und ich habe das Gefühl, jeden einzelnen Muskel meines Körpers zu spüren. Ich habe die größtmögliche schlechte Laune, die man sich überhaupt vorstellen kann. Aber das Schlimmste ist geschafft.

Jetzt muss ich nur noch flink jede Beute öffnen, das engmaschige Absperrgitter auflegen, damit die Königin nicht in den Honigraum gelangen kann, und den ersten Honigraum aufsetzen. Deckel und dann Stein darauf, und schon ist alles gut. Zu Hause würde ich mir gleich eine heiße Badewanne einlassen und versuchen, diesen Tag einfach schnellstmöglich zu vergessen. Während ich am Bienenstand alle Zargen an die jeweilige Beute sortiere, ist unvermittelt ein lautes, dumpfes Grummeln zu vernehmen. Ich stutze. Sollte sich etwa der Rehbock noch einmal zu Wort melden? Ich hatte mir doch jeden weiteren Gefühlsausbruch verkniffen und nur leise vor mich hin geschimpft und gearbeitet. Irritiert blicke ich von meiner Arbeit auf. Nach einem kurzen Blick ringsherum ist mir klar: Dieses Geräusch kommt nicht von einem Rehbock. Oder irgendeinem anderen Tier. Es ist das leise, aber unmissverständliche Grummeln eines drohenden Gewitters.

Während ich Zarge für Zarge an den Stand geschleppt und meinen Blick auf den schlammigen Acker gesenkt hatte, um nicht in einer Pfütze auszurutschen und im Dreck zu landen, hat sich eine gewaltige dunkle Wolke direkt über dem an das Feld grenzenden Waldstück aufgebaut. Ich brauche keine großen meteorologischen Kenntnisse oder eine Wetter-App, um zu ahnen, dass sich aller Voraussicht nach in den nächsten Minuten ein gigantischer Regenguss aus ihr entladen wird. Und das, während ich direkt darunterstehe und noch keine einzige Honigzarge auf die Beuten gesetzt habe.

Von ruhigem Arbeiten und entspanntem Aufsetzen der Zargen ist nun keine Rede mehr. Rasant arbeite ich mich von Volk zu Volk voran, während die Bienen angesichts des drohenden Gewitters und des allmählich einsetzenden Regens immer ungeduldiger mit mir werden und ich irgendwann völlig durchnässt und zerstochen im Auto sitze.

»Warum in aller Welt tue ich mir das an? Andere entspannen zu Hause, hören Schallplatten, lesen gemütlich ein Buch oder drehen genüsslich Däumchen! Wieso nur bin ich auf diese blöde Idee mit der Imkerei gekommen? Nicht genug, dass meine Bienen jetzt völlig bedient sind. Ich bin vom Scheitel bis zur Socke völlig durchnässt, zerstochen und verklebt. Ganz ehrlich, ich bin durch mit der Natur, den Bienen und der Imkerei – für immer!«

Spüren, was wichtig ist

Ich wache früh am nächsten Morgen auf. Und weiß sofort, dass ich jetzt und bis in alle Ewigkeit in diesem Bett bleiben möchte und mich keinen Zentimeter jemals wieder bewegen werde. Solange ich ruhig liegen bleibe, ist alles gut. Dann spüre ich nur die wärmende Bettdecke. Das kühle Nachthemd auf meiner Haut. Meine schweren und steifen Glieder. Jeden einzelnen Muskel. Ich horche weiter in mich hinein. Zumindest scheine ich keine Erkältung zu haben. Wenigstens etwas, wovon ich verschont geblieben bin.

Ansonsten schmerzt mein ganzer Körper. Ich spüre Stellen an mir, die ich in über vierzig Jahren nicht kennengelernt habe. Aber dieser Schmerz zeigt mir zugleich, was ich und mein Körper gestern geleistet haben. Und ich spüre, dass die harte Arbeit auch meinen Blick schärft, was mir wirklich wichtig ist. Mein Groll gegenüber der Natur und der Imkerei ist genauso schnell verraucht, wie er gestern gekommen ist, und ich weiß ganz tief in mir, die Bienen bleiben in meinem Leben. Immer.

Dass mein radikaler Bruch mit der Arbeit im Marketing und die Begeisterung für meine Bienen nicht für jeden nachvollziehbar sind, erlebe ich in Gesprächen mit Freunden immer wieder. Irgendwie kann ich es auch etwas verstehen. Mein altes Leben wirkte so viel geordneter, spannender und mit den vielen Reisen und Veranstaltungen von außen abwechslungsreicher, während ich heute meist von den kleinen Katastrophen meiner Selbstständigkeit und den leisen Wundern im Bienenstock berichte. Mal ist es ein verregnetes Frühjahr, das mir die Honigernte fast verhagelt, dann die Auseinandersetzung mit dem Markenamt. Auf meine Eltern wirkt meine Selbstständigkeit damit eher wie eine Aneinanderreihung unendlicher Rückschläge als die Erfüllung eines Lebenstraumes.

Und auch mir fällt es nach manchem Rückschlag schwer, meine Begeisterung für mein neues Leben in Worte zu fassen. Aber es gibt immer wieder diese Momente, in denen mir die Antwort auf all die Fragen und das Unverständnis für meine Entscheidung völlig klar sind. Genau dann, wenn ich meine Honiggläser in der Hand halte. Meinen fast schneeweißen Rapshonig sehe. Oder den goldigen Lindenblütenhonig. Wenn ich ihn in meinen Joghurt kleckse und einen Löffel davon koste. Mit geschlossenen Augen den Geschmack des Sommers schmecke und den Duft einer Frühlingswiese oder das goldige Glitzern an einem heißen Sommertag erahne. Wenn man sich ganz auf diesen Genuss einlässt, kann man echtes Goldglitzern auf der Zunge erleben und tiefes Glück verspüren.

Dieses absolute Hochgefühl und intensive Glück löst ein winziger goldiger Klecks in mir aus. Eine Zufriedenheit und Ausgeglichenheit, die ich in meinem alten Leben nicht mehr gespürt habe. In dem Moment des Genusses haben sich alle Zweifel und Fragen für mich erledigt und ich spüre, ich bin vollkommen im Gleichgewicht.

Es läuft immer anders als geplant

Strahlend, funkelnd und verheißungsvoll steht meine neue Schleuder nun in der Manufaktur und wartet bereits seit Wochen auf ihren ersten Einsatz. Die Honigräume sind nach meinem Unwettereinsatz schon seit zwei Wochen auf den Bienenbeuten, und das Wetter spielt so gut mit, dass Ende Mai nun auch die zweiten Honigräume folgen können. Somit wird es tatsächlich in wenigen Wochen Zeit für die Honigernte und damit auch für die Premiere meiner Schleuder. Ich spüre, wie die Spannung täglich größer wird, ob alles reibungslos klappt – so, wie wir es uns monatelang in unseren Planungen ausgemalt haben.

In den letzten zwei Maiwochen scheint die Sonne von früh bis spät, und die Bienen starten bereits beim ersten Sonnenstrahl, um Nektar zu sammeln. Tag für Tag legen die Beuten unglaubliche zwei Kilogramm an Gewicht zu. Wenn die Bienen den Honig in der verbleibenden Blütezeit des Rapses noch trocknen können, dann würde dieses Regenfrühjahr noch ein versöhnliches Ende finden. »Irgendwie«, sage ich erleichtert zu Klaas, als wir die Honigräume am Bienenstand prüfen, »wendet sich selbst das größte Chaos und Desaster doch immer wieder zum Guten.« »Ja«, stimmt mir Klaas zu und nickt nachdenklich. »War aber ehrlich gesagt dieses Mal wirklich knapp.«

Und schließlich kommt es tatsächlich so wie erhofft. Fast drei Wochen später als in den Vorjahren ist es Mitte Juni endlich so weit, dass die Honigernte ansteht. Mit dem Refraktometer kontrolliere ich jeden Honigraum penibel auf den Feuchtigkeitsgehalt des Honigs. Offensichtlich haben die Bienen die vergangenen drei Wochen im Akkord gearbeitet, jedes Rähmchen ist wunderbar verdeckelt und der Honig perfekt trocken.

Zufrieden lege ich die Bienenfluchten ein. In den nächsten Stunden gelangen die Bienen so in einer Art Einbahnstraße aus dem Honigraum in den Brutraum, aber nicht mehr zurück. Im Idealfall sind die Honigräume morgen, wenn ich die Zargen abnehme, dann nur noch mit einer Handvoll Bienen besetzt, die ich flink mit einem Gänsekiel abfegen kann.

In aller Frühe stehen Klaas und ich am nächsten Tag auf und fahren im Morgengrauen zum Bienenstand. Die Thermoskanne mit heißem Kaffee ist sorgsam im Rucksack verstaut, und wir unterbrechen unsere Arbeit an diesem kühlen Morgen nur einmal kurz, um einen Becher heißen Kaffee zu genießen und dabei den Blick über die frühmorgendlich tauglänzenden Wiesen schweifen zu lassen.

Wenige Stunden später stapeln sich schließlich über fünfzig Honigzargen meterhoch in meiner Manufaktur. Grob geschätzt werden wir heute eine gute Tonne Honig entdeckeln und ausschleudern. Eine unfassbare Menge. Mit meiner alten Schleuder wäre es vermutlich ein Ding der Unmöglichkeit gewesen, diese zahlreichen mit schwerem Rapshonig prall gefüllten Rähmchen zu schleudern. Wie gut, dass ich mit der neuen Schleuder vorgesorgt hatte. Ich seufze erleichtert auf. Dank meiner nagelneuen Hightech-Imkerei wird es in diesem Jahr zu keinen Nachtschichten, Nervenzusammenbrüchen oder Ähnlichem kommen. Hoch und heilig habe ich Klaas und unseren Kindern versprochen, dass die Honigernte ab sofort schnell und elegant ablaufen wird. Dank der Technik wird die Honigernte geräuschlos und quasi wie von selbst über die Bühne gehen.

Hatte meine alte Schleuder vier Waben zugleich umfasst, passen in die neue ganze sechs Rähmchen hinein. Aber das ist nur ein kleines Detail, denn es ist vor allem die mühsame, zeitraubende Handarbeit für das Wenden der Rähmchen, die während des Ausschleuderns bislang nötig war und jeden anderen Arbeitsfluss unterbrochen hat, die sich mit der neuen Selbstwendeschleuder erübrigt. Zudem sind die honigschweren Rähmchen während des Schleudervorgangs nun durch kleine Gitter gegen Wabenbruch besser geschützt.

Da der Rapshonig sehr schwer ist und bereits in der Wabe zur Kristallisation neigt, muss jedes Rähmchen erst einmal ganz sorgsam angeschleudert werden. Nach dem ersten sanften Schleudern wende ich jedes Rähmchen, sodass dann der Honig der anderen Seite ausgeschleudert werden kann. Das Ganze wiederhole ich einige Male, immer darauf bedacht, die Maschine nicht zu schnell zu beschleunigen. Denn dann ist die Gefahr groß, dass die schweren Waben unvermittelt in der Mitte brechen und große Wachsklumpen herausgeschleudert werden, die dann das Sieb zusetzen. All dies wieder zu richten und weiter zu schleudern, bedeutet jedes Mal aufs Neue einen enormen Zeitaufwand. Das unsägliche Geräusch, wenn eine Wabe bricht, dieses dumpfe, zermürbend klingende Ploppen, kenne ich zur Genüge. Mit der einfachen Schleuder ist alles mühsam, klebrig und zeitaufwendig. Mit dem Honigertrag von vier oder fünf Völkern hatte diese ihre Berechtigung, nicht aber bei der Honigernte von 25 Bienenvölkern. Aber all dies hatte nun ja ein Ende, denn die Schleuder meiner Träume glänzt mir vielversprechend entgegen.

Bereits die Testläufe mit der neuen Schleuder sind wie aus einer anderen Welt. Sanft und samtig dreht sie sich mit den schweren Honigrähmchen. Nach einem nahezu unmerklichen Abbremsen ändert sie wie von Zauberhand die Richtung und steigert in jeder Runde das Tempo, bis ich ihr schließlich federleichte, wunderschön ausgeschleuderte Rähmchen entnehmen kann.

»Das ist die weltbeste Investition meines Lebens, Klaas«, jubele ich begeistert. Auch das neue Sieb und das Rührgerät sind eine neue Dimension in meinem Imkerinnenleben. Endlich kann ich mich auf die Dinge konzentrieren, die mir wirklich wichtig sind und die meine Manufaktur voranbringen werden. Alles ist einfach wunderbar, und so bin ich mit all den vorherigen Mühen versöhnt.

Die Schleuder läuft und läuft und läuft, während wir Zarge für Zarge die Honigwaben entdeckeln. Sie arbeitet so effizient, dass wir mit dem Entdeckeln kaum hinterherkommen. Plötzlich verändert sich jedoch das schon vertraute, sanft und rhythmisch summende Schleudergeräusch. Unvermittelt ebbt der gleichmäßige Takt ab, und die Schleuder klingt plötzlich eher wie eine langsam ausschleudernde Waschmaschine. Kein Zweifel, das Gerät ist definitiv aus dem bisherigen Programm ausgestiegen. In diesem Moment ahne ich bereits, dass dieser ungewöhnliche Tempowechsel nichts Gutes zu bedeuten hat.

»Hast du gerade irgendetwas in der Programmierung verändert, Klaas? Die Schleuder klingt so seltsam. Als ob sie gar nicht mehr beschleunigt und in ihrem Programm ist, hörst du das auch?«, frage ich meinen Mann angespannt.

»Nein, ich habe nichts gemacht, ich bin gerade mit dem neuen Sieb beschäftigt. Aber du hast recht, das klingt nicht gut«, antwortet Klaas, und seine Stimme klingt ebenfalls irritiert.

Eilig laufe ich zur Steuerungseinheit meiner Hightech-Schleuder. Tatsächlich, die Schleuder bremst immer weiter ab und verstummt schließlich vollständig. »Störung Frequenzumrichter 11« blinkt es unmissverständlich auf dem Display. »Das kann doch echt nicht wahr sein! Doch nicht jetzt, nicht heute!«, rufe ich aufgeregt. Meine Stimme klingt dabei so schrill, dass ich sie selbst kaum wiedererkenne.

»Stephanie, jetzt bleib mal bitte ruhig, das bringt doch so nichts. Entspann dich. Wir finden schon eine Lösung. Zur Not kann man die Schleuder bestimmt auch auf Handbetrieb umstellen und steuern. Das wird schon. Gib mir bitte einmal das Handbuch, in dem dicken Wälzer wird bestimmt alles dokumentiert sein, auch dieser läppische Fehlercode 11. Das kann ja gar nicht anders sein«, redet Klaas beruhigend auf mich ein. Normalerweise hat Klaas mit seiner zupackenden Art eine zutiefst beruhigende Wirkung auf mich, aber jetzt will sich einfach keine Ruhe in meiner Gemütslage einstellen.

Minutenlang höre ich nur das Rascheln, Blättern und leise Murmeln von Klaas. »Nichts, einfach gar nichts ist hier für eine Fehlerbehebung aufgelistet, kein einziger Fehlercode wird aufgeführt. Das kann doch nicht sein! Und es scheint noch nicht mal die Möglichkeit zu geben, die Maschine auf Handbetrieb umzustellen und die Steuerungseinheit zu umgehen! Unfassbar!«, sagt Klaas entrüstet und blickt auf.

»Ganz ehrlich, Klaas, das ist ja auch eine Honigschleuder für Imkerfreaks und kein Verkehrsflugzeug. Dass in euren Manuals jede Kleinigkeit dokumentiert ist, ist doch völlig klar. In der alltäglichen Welt sieht es aber einfach anders aus. Da gibt es Service-Hotlines für solche Fälle. Und genau da werde ich jetzt auch anrufen!«, sage ich entschlossen, ziehe energisch die Unterlagen der Imkerfirma zu mir herüber und tippe die Nummer in mein Telefon ein.

»Guten Tag und herzlich willkommen beim Imkereifachhandel Fritz und Co. Leider rufen Sie außerhalb unserer Servicezeiten an. Sie erreichen uns Montag bis Freitag von acht bis sechzehn Uhr. Vielen Dank für Ihren Anruf.« Tüüüüüüüüüt – das Freizeichen hallt in meinem Ohr. Das kann nicht wahr sein. Es ist Samstagmittag, genauer gesagt zwölf Uhr dreißig. Das bedeutet, es dauert exakt noch 43½ Stunden, bis überhaupt irgendjemand an dieses Telefon gehen würde. Und es ist augenblicklich mehr als zweifelhaft, ob dieser jemand dann auch direkt eine Lösung für Fehler Nr. 11 meines Frequenzumrichters hat.

Ich blicke auf den Zargenturm mit dem frisch geernteten Rapshonig. Wenn ich ihn nicht heute, allerspätestens morgen ausschleudern würde, dann könnte der Kristallisationsprozess schon so eingesetzt haben, dass ich den Honig aus den Waben hacken muss, so hart wäre er. Nicht daran zu denken, daraus noch einen feincremigen Rapshonig zu rühren. Neues Rührgerät hin oder her. Ich schaue meine funkelnagelneue Schleuder voller Verachtung an. Mein Blick wandert schließlich weiter und fällt auf meine alte Schleuder. Ich seufze tief. Dann blicke ich zu Klaas, der hilflos mit den Schultern zuckt und zugleich zaghafte Anstalten macht, mich in den Arm zu nehmen. Ich könnte heulen. Aber das würde mich keinen Schritt weiterbringen. Und unsere Kinder haben schon seit gefühlt einer Viertelstunde keinen Pieps mehr von sich gegeben, so greifbar ist offenbar meine Anspannung und Verzweiflung. Es hilft alles nichts. Will ich jetzt einfach aufgeben und mich und meinen diesjährigen Rapshonig von dieser dummen Fehlermeldung 11 in die Knie zwingen lassen? Ganz bestimmt nicht. Da habe ich schon ganz andere Sachen durchgestanden.

Ich zerre die alte Schleuder in die Mitte des Raumes und beginne, sie an den Strom anzuschließen. Jedoch nicht, ohne im Vorbeigehen der neuen Schleuder noch einen wütenden Tritt zu versetzen. Ich arbeite das ganze Wochenende durch. Heule. Reiße mir beim ständigen Wenden der Rähmchen an den spitzen Drahtenden die Hände auf. Mache weiter. Und ahne glücklicherweise noch nicht, dass mir am Montagvormittag ein Techniker nonchalant erklären wird, dass sich in dieser Reihe neuer Schleudergeräte bedauerlicherweise ein winziger Programmierfehler eingeschlichen hat, der die völlig intakte Schleuder dazu gebracht hat, sicherheitshalber auszusteigen.

Am Sonntagabend habe ich mich schließlich bis zur letzten Zarge vorgearbeitet und lasse müde das letzte ausgeschleuderte Rähmchen in die Zarge zurückgleiten. Wie auch immer es mit der alten Schleuder funktioniert hat, ich habe es irgendwie geschafft. Und bin völlig bedient.

TRAUMBERUF IMKERIN

Über das Glück, sich vom ständigen Streben nach mehr
zu verabschieden, und warum es so erfüllend ist, mit ganzer
Aufmerksamkeit bei sich und seiner Arbeit zu sein

In diesem Herbst zieht unser Sohn Abend für Abend das Buch *Der kluge Fischer* von Heinrich Böll aus dem Regal. Gemeinsam kuscheln wir uns zum Vorlesen in den alten plüschigen Sessel in der Ecke seines Zimmers und blättern wieder und wieder genussvoll durch die federleichte Lektion über das Glück im Kleinen. Und je öfter ich diese Geschichte vorlese, umso mehr verstehe ich rückblickend, warum ich mich mit meinem alten Leben nicht mehr habe identifizieren können. Denn es geht nicht darum, beständig nach immer mehr zu streben. Sondern darum, das Glück in dem Moment zu sehen und zu genießen, in dem es da ist.

Leben im Gleichgewicht statt stetiges Wachstum

Bienenvölker haben über Zehntausende Jahre die Strategie des Gleichgewichts des Nötigen perfektioniert. Im Gegensatz zu uns Menschen mit unserem stetigen Streben nach Wachstum, dem nun, ironischerweise, nicht nur die Bienen zum Opfer zu fallen drohen. Ich habe von den Bienen gelernt, dass ein Leben ohne dieses ewige Streben nach immer mehr, das mein altes Leben noch prägte, sehr erfüllend ist. Ich genieße heute das Glück, dass ich genau das, was ich gerade mache, mit ganzer Aufmerksamkeit tun kann.

Die Tätigkeiten in meiner Imkerei fordern mich mit Kopf, Herz und Hand – und genau diese Herausforderungen hatte ich zuvor in meiner Arbeit immer weniger gesehen und gespürt. Arbeitsprozesse sind in vielen Bereichen heute so sehr segmentiert, dass man kaum eine Handlung in ihrer Gesamtheit erlebt und es schwerfällt, sich mit ganzem Herzen mit seiner Arbeit zu identifizieren. Ganz anders erlebe ich heute die Arbeit als Imkerin, bei der ich jedes Volk über das gesamte Jahr begleite.

Ich liebe die Ruhe und die konzentrierte Arbeit am Bienenstand. Es macht mich unbeschreiblich glücklich, den Geschmack des Frühlings und Sommers im Glas einzufangen, im Herbst die Honiggläser mit Etiketten zu versehen und im Regal aufzustellen. Und im Gegensatz zu meiner vorherigen Beschäftigung empfinde ich ein großes Glücksgefühl dabei, mit meinen Händen zu arbeiten, mit dreckigen Stiefeln auf die Wiese zu laufen, etwas Nachhaltiges und Sinnvolles zu tun, statt den ganzen Tag auf einen Bildschirm zu starren.

In der Imkerei ist kein Jahr wie das andere, und ich erfahre, dass ich immer noch sehr viel lernen muss. Aber das gehört dazu, wenn man einen eigenen Laden aufbaut. Dass man auch Fehler macht, Rückschritte einstecken muss und trotzdem weitermacht. Und jedes Jahr ein Stück vorankommt. Meine Imkerei ist klein und fein – und das soll sie auch bleiben. Denn ich bin stolz darauf, jeden Handgriff selbst zu machen und über die Jahre eine Betriebsweise entwickelt zu haben, die mir dies auch erlaubt. Ich kenne jedes Volk und freue mich jeden Tag auf die Arbeit.

Meinen Bienenstand kann ich gut überschauen und mit Freude bearbeiten. Wäre meine Imkerei größer, würde die

Arbeit wie am Fließband laufen und ich hätte keine Beziehung mehr zu meinen einzelnen Völkern, wie ich sie mir wünsche. Denn eines ist klar: Um weiter dem Konzept Wachstum hinterherzujagen, dafür habe ich mein Leben nicht umgekrempelt und meinen Weg als Imkerin gewählt. Stattdessen suche ich mir Nischen, die meine Manufaktur einzigartig machen und genau für das stehen, was ich bin und was mich ausmacht. Ich liebe guten Honig und genieße gutes Essen, das mit Honig gesüßt wird und die Landschaft erfahrbar macht. Und das teile ich gern auf meinem Blog mit anderen. Und ich gestalte gern Schönes und Nachhaltiges aus den Produkten meiner Imkerei – wie beispielsweise Bienenwachstücher. Mit der Verwendung meines eigenen Wachses schließt sich auch wieder der Kreis, denn alles, was in meiner Imkerei an Resten anfällt, wird so verwertet, und die Imkerei ergibt ein sinnvolles Ganzes.

Die Freiheit der Bienen

Mein Verhältnis zu den Bienen, für die ich Sorge trage, ist schwer zu beschreiben. Es ist ein besonderes. Nicht vergleichbar mit dem täglichen, individuellen Kontakt zu einem Haustier. Oder mit dem eines Landwirtes, der jeden Tag für seine Tiere sorgt und so eine Beziehung zu ihnen aufbaut. Als Imkerin sehe ich ein Bienenvolk vielleicht zwölfmal im Jahr, und selbst dann ist mir ein Blick in die Bienenbeute nur für einen kurzen Zeitraum gestattet. Aber in dieser Distanz liegen auch das Besondere und der Reiz: Bienen sind Wildtiere mit ihren eigenen Gesetzmäßigkeiten und ihrer eigenen Freiheit.

Ich musste in meinen ersten Jahren als Imkerin erkennen, dass ich ihnen nicht durch mein Handeln aufzwingen kann, was ich will. Als Imkerin gebe ich nur einen Rahmen und eine mögliche Richtung vor, alles Weitere bleibt den Bienen überlassen und ist abhängig von den Gegebenheiten der Natur.

»Aber was reizt dich denn jetzt so genau an der Arbeit mit den Bienen?«, fragt mich meine Freundin etwas ratlos, während ihr Blick über meine vom Honig verklebten, verkitteten, schmutzigen und unförmigen Lederhandschuhe hin zu meiner nicht weniger verschmutzten Imkerjacke schweift. Wir sitzen auf unserer Gartenbank, in der Luft hängt der schwere Geruch vom Rauch meines Smokers, der sich in den vergangenen Stunden in meiner Kleidung verfangen hat.

»Ach, du kennst die PR- und Marketingblase, in der ich früher gearbeitet habe, doch selbst nur zu gut. Dieser ewig gleiche Projekttrott. Im Gegensatz dazu fordert mich heute jeder Tag neu, ich arbeite an etwas Echtem, und vor allem kann ich in der Natur arbeiten und mit der Natur leben«, antworte ich ruhig.

»Und zugegeben: Es fasziniert mich immer wieder aufs Neue, wie sehr eine bewusste Arbeitsweise notwendig ist, um eine Nähe zu den Bienen aufzubauen, die jedes Mal neu gefunden werden muss. Zugleich fordern mich die Bienen, offen und flexibel zu bleiben: Ich überlege mir zwar im Vorfeld sehr genau, was zu tun ist, wenn ich an den Bienenstand gehe, ich muss mich aber zugleich auf eine Bandbreite an Möglichkeiten einlassen, die mich beim Öffnen der Bienenbeute erwarten kann. Und ich muss sehr genau abwägen, was getan werden muss und wie viel Zeit es in Anspruch nimmt, denn das Öffnen des Bienenstocks bedeutet für das Bienenvolk jedes Mal eine enorme Kraftanstrengung. Die Stockluft entweicht nach oben und lässt die Temperatur im Bienenstock sogleich absinken. Die Bienen brauchen nach einer Durchsicht oft mehrere Stunden, um das fein austarierte Mikroklima im Stock wiederherzustellen. Und wenn ich als Imkerin dann noch unnötigerweise Rähmchen ziehe oder gar austausche, wird deutlich, dass jeder Eingriff und jede Handlung wohlüberlegt sein müssen.«

Berit schaut mich aufmerksam an. Wenn man nicht selbst einmal die Magie eines Bienenvolkes gesehen und gespürt hat, ist es wirklich schwierig, die eigene Begeisterung begreifbar zu machen.

»Die Ausgeglichenheit und Ruhe, die von den Bienen ausgeht, ist überwältigend schön. Manchmal liegt meine Arbeit einfach darin, das Bienenvolk sorgsam zu beobachten und abzuwägen, ob ein Eingriff notwendig ist. Ich versuche, ihren Takt zu respektieren und dem Volk keine Nullachtfünfzehn-Behandlung aufzuzwingen. So ist es eine stete Herausforderung, sich einerseits einen umfassenden Eindruck von dem Bienenvolk zu verschaffen, andererseits jedoch bedächtig abzuwägen, ob in die Strukturen und Abläufe des Volkes eingegriffen werden muss.«

Berit scheint immer noch nicht ganz überzeugt, aber ihr Interesse und Wunsch, meine Leidenschaft besser zu verstehen, sind ungebrochen: »Also, ich glaube, du musst mich beim nächsten Mal einfach zu deinen Bienen mitnehmen, vielleicht verstehe ich deine Leidenschaft dann ein wenig besser«, sagt sie nachdenklich.

»Versprochen, Süße, das machen wir! Oder weißt du was, wir schauen uns einfach jetzt sofort das entspannte Volk von Merle hier bei uns im Garten an, hast du Lust?!«, frage ich voller Begeisterung.

»Unbedingt, was für eine grandiose Idee, ich bin so gespannt!«, sagt Berit. »Und danach essen wir noch etwas von dem köstlichen Granola mit Joghurt und Honig, okay?«, fragt sie mich erwartungsvoll. »Das Glas, das du mir letztes Mal zum Kosten mitgegeben hast, haben Sophie und Henri ratzfatz geplündert, so gut hat es ihnen geschmeckt.«

»Das freut mich sehr! Für Merle, Neele und Tjard gibt es momentan auch nichts Besseres zum Frühstück. Definitiv essen wir gleich noch eine Portion, ich habe vorhin zufällig einen Granatapfel vorbereitet, das musst du unbedingt zusammen mit dem Granola probieren, du wirst es lieben!«

Ich schnappe meine Imkerkiste sowie zwei Imkerjacken, und entspannt plaudernd machen wir uns auf den Weg zu Merles Bienenvolk.

Gehe ich zu meinem Bienenstand, sieht meine Arbeit für den oder die Betrachter*in wohl oftmals reichlich unspektakulär aus. Ich knie zunächst minutenlang im hohen Gras und beobachte aufmerksam die Fluglöcher. Wie die Bienen fliegen, verrät mir bereits sehr viel darüber, was in dem Volk vor sich geht. Bringen die Bienen Pollen ein? Wo liegt das Brutnest? Ist der Standort möglicherweise zu windig oder zu kühl, oder versuchen Vögel oder Mäuse, den Bienenstock zu knacken, und versetzen damit das Volk in Unruhe? Ich liebe den direkten Kontakt zu meinen Bienen – und arbeite am liebsten ohne Handschuhe und Schleier. An manchen Tagen im Spätsommer, wenn die letzte Tracht verblüht ist, sind auch meine Mädels schlecht gelaunt und mögen keine Störung – dann greife ich lieber zu meiner Imkerjacke. Aber mit dicken Lederhandschuhen und Schleier ergibt sich gleich eine unnatürliche Distanz zum Bienenvolk. In den ersten Jahren sind mir die Rähmchen oftmals ein Stück aus der Hand gerutscht, da ich sie mit den unförmigen, starren Lederhandschuhen nicht richtig greifen konnte. Beim Hineingleitenlassen der Rähmchen in den Bienenstock fehlt mir mit den derben Handschuhen das feine Gespür – und viele Bienen werden unnötigerweise gequetscht.

Mit Vertrauen und Ruhe kann ich mich gerade im Frühjahr den Bienen nähern, ohne Handschuhe tragen zu müssen. Und das ist ein sehr sinnliches Erlebnis! Es ist unbeschreiblich schön, eine Königin anzufassen, die weichen Härchen einer ganz jung geschlüpften Biene zu fühlen oder einfach die Dynamik des Volkes zu spüren. Ich liebe die Wärme des Bienenstocks und den Geruch von Kittharz und Honig.

Meine eigene Verfassung spielt dabei eine ausschlaggebende Rolle. Mit wenig Zeit, ungeduldig, unruhig und nicht ganz bei der Sache habe ich mir schon so manchen Bienenstich eingehandelt. Die Bienen spiegeln mir meine Befindlichkeit klar und genau wider – sie spüren, wenn ich Stress habe, es mir nicht gut geht oder wenn ich nicht die nötige Zeit mitbringe. Bin ich jedoch ganz bei mir selbst, ruhig und geduldig, dann sind auch die Bienen friedlich. Für mich ist dies wahrscheinlich das Schönste an der Imkerei – sich ganz und gar nur auf die eine Sache einzulassen, mit ganzem Herzen.

Dieses absolute Gefühl von Zeitlosigkeit und Unmittelbarkeit ist ein Geschenk, das einen trägt, wenn man jung ist. Es ist einfach da. Und man merkt nicht, wann sich das ändert. Irgendwie ist es schlagartig anders, und plötzlich sind da nur noch eine vage Ahnung und Sehnsucht nach diesem unvergleichlichen Gefühl von Freiheit und purem, direktem Leben. Es ist eine der großen Ungerechtigkeiten des Lebens, dass man diesen Schatz meist erst erkennt, wenn er fort ist. In dem Moment, in dem man ihn hat, ist er reine Selbstverständlichkeit.

Wenn man älter wird, blitzt dieses Gefühl jedoch von Zeit zu Zeit wieder für einen kurzen Moment auf – gerade wenn man etwas mit ganzer Leidenschaft tut. Lasse ich mich auf den Takt eines Bienenvolkes ein, dann habe ich ganz plötzlich wieder eine Ahnung von dieser Zeitlosigkeit, Echtheit und Freiheit, die ich aus meiner Kindheit kenne.

Gezuckerte Bienen

»Mama, manchmal wäre ich schon gern eine Biene«, sagt Merle mit versonnener Stimme, während ich mich dem nächsten Bienenvolk zuwende. »Ach Merle, ganz ehrlich, das Bienenleben besteht auch nicht nur daraus, mit Puderzucker bestäubt zu werden«, sage ich schmunzelnd und bereite die nächste Puderzuckerdusche für meine Bienen vor. »Och, aber wenigstens einmal im Leben so von oben bis unten mit Puderzucker bestreut zu werden, wäre schon ziemlich großartig«, sagt Merle verträumt, und ihre Augen glänzen verzückt. Der hingebungsvolle Blick meiner kleinen Zuckerschnute spricht Bände. Der Grund für die süße Dusche ist jedoch ein ernster und für mich als Imkerin ein wichtiges Diagnose-Instrument zur Beurteilung der Befallsdichte meiner Völker mit der Varroamilbe.

Bei der Sorge um die Gesundheit meiner Bienenvölker nimmt die Behandlung gegen die Varroamilbe, die in den Siebzigerjahren aus Asien nach Europa eingeschleppt wurde und sich rasend schnell weltweit verbreitete, einen wichtigen Platz ein. Sie ist heute in jedem Bienenvolk anzutreffen und unbehandelt ein entscheidender Auslöser von Völkerzusammenbrüchen. Im Durchschnitt sterben 10 bis 15 Prozent der Bienenvölker pro Jahr durch den Befall mit der Varroamilbe ab. Man kann bei genauer Betrachtung hin und wieder eine dieser Milben auf einer Biene sitzen sehen – oder ich finde die nach der Behandlung mit organischen Säuren abgefallenen toten Milben auf dem Boden der Bienenbeute.

Bislang ging man davon aus, dass die Varroamilbe ihre Eier in die Brutzellen der Bienen legt und sich vom »Blut« der Bienenlarven ernährt. Hämolymphe heißt die dem menschlichen Blut ähnliche Körperflüssigkeit der Bienen. Die jungen Bienen werden so geschwächt, dass sie anfällig für Krankheiten werden oder schon verstümmelt aus der Zelle schlüpfen. Neue Ansätze eines Forscherteams von der Universität Maryland zeigen, dass die Varroamilbe jedoch möglicherweise nicht den Blutkreislauf der Biene, sondern ihre Leber angreift. Der Parasit könnte sich nicht an der Hämolymphe von Bienen, sondern an ihrem Fettkörper laben. Das ist ein Organ, das bei Bienen ähnliche Funktionen wie die menschliche Leber übernimmt, Nahrung speichert und das Immunsystem stärkt. Zudem ist der Fettkörper für die Entgiftung des Organismus zuständig.[1] Dieser neue Ansatz könnte einen Meilenstein in der Bekämpfung der Varroamilbe bedeuten.

Wichtig ist die konsequente Kontrolle der Völker, um zu wissen, wie stark sie von der Varroamilbe befallen sind. Den Höhepunkt in ihrer Entwicklung erreicht die Varroamilbe im Hochsommer, wenn das Bienenjahr fast vorbei ist und der Honig geerntet wurde. Es gibt die unterschiedlichsten Möglichkeiten zu überprüfen, wie stark die Völker belastet sind und ob eine Behandlung notwendig ist. Da ich der süßen Seite des Lebens

---

1 Vgl. Ramsey, S. D., R. Ochoa, G. Bauchan et al.: *Varroa destructor feeds primarily on honey bee fat body tissue and not hemolymph.* In: Proceedings of the National Academy of Sciences. 116(5): S. 1792–1801. 2019.

zugewandt bin und gern bienenschonend arbeite, zuckere ich dafür meine Bienen. Es ist ein natürlicher Eingriff, der die Bienen kaum belastet – und für sie sogar eine willkommene Nascherei bedeutet.

Ich schüttele mir dafür an einem trockenen Tag von jedem Volk etwa hundert Milliliter Bienen in einen Messbecher – das sind ziemlich exakt fünfhundert Bienen, die ich behandele. Am einfachsten nehme ich mir ein gut besetztes Rähmchen, und mit einem energischen Stoß gegen den Holzrahmen purzeln die Bienen auf ein zuvor vorbereitetes Tuch. Dann falte ich das Tuch sorgsam zu einer kleinen Tasche, schütte die Bienen vorsichtig in einen großen Becher und verschließe ihn mit einem Siebdeckel. Die überzähligen Bienen lasse ich zurück in den Stock gleiten. Jetzt muss es schnell gehen, denn wenn die Bienen zu lange in dem Becher sind, erzeugen sie Feuchtigkeit, und das Ergebnis ist unzuverlässig.

Ich nehme etwa einen Löffel voll Puderzucker und stäube die Bienen ein, bis alle weiß überzuckert sind. In den nächsten drei Minuten schüttele ich dreimal kräftig und kippe den Becher dann über einer flachen Schüssel mit Wasser um. Das sieht aus, als ob ich das Wasser pudere, aber der Zucker löst sich sofort auf, und übrig bleiben einige schwarze Pünktchen, die im Wasser schwimmen. Die Bienen im Becher schütte ich flink zurück in die Bienenbeute, und sofort beginnen die anderen Bienen, die eingezuckerten Bienen zu säubern. Nun kann ich mich der Schüssel und den Varroamilben widmen und sie ganz entspannt zählen.

Das Prinzip dahinter ist denkbar simpel: Die Milben klammern sich an den Arbeiterinnen fest, doch durch den Puderzucker verlieren sie den Halt am Chitinpanzer der Bienen. Da der Puderzucker sich im Wasser sofort auflöst, kann man die Milben gut erkennen. Sind es mehr als fünf abgefallene Milben im Juli, zehn im August und fünfzehn im September, ist eine Behandlung notwendig. Liegt die Zahl darunter, ist das Volk nur wenig belastet. Dann kann man im Abstand von vier bis sechs Wochen den Puderzuckertest wiederholen, um eine Reinvasion zu erkennen.

Ich behandele meine Bienen mit Ameisen-, Milch- und Oxalsäure, da diese biologisch wirken und keine Rückstände im Bienenvolk hinterlassen. Die Ameisensäure ist ein in der Natur gut bekannter Wirkstoff gegen Milben. Vögel baden beispielsweise gern in Ameisenhaufen, um sich von den Milben in ihren Federn zu befreien – das sogenannte »Einemsen«. Bei den Bienen nutzen wir das gleiche Prinzip, denn auch bei ihnen wirkt die Ameisensäure gegen die Varroamilbe äußerst gut. Wir verdunsten die Säure im Bienenstock, um die Milbe zu bekämpfen. Dick eingepackt mit Schutzbrille, Gummihandschuhen und Mundschutz werkele ich bei der Ameisensäurebehandlung in der Sommerhitze: Denn alle diese Stoffe sind ätzend und nur mit Vorsicht zu gebrauchen. Damit ist es auch eine der wenigen Arbeiten, die ich für unsere Kinder an ihren Völkern vornehmen darf.

Wenn ich in den vergangenen Jahren in der Imkerei eines gelernt habe, dann ist es, dass es nie nur eine Antwort gibt, zumindest nicht die eine einzige. Sondern es gibt viele Ansätze. Allein bei der Frage, wie Bienenvölker gegen die Varroamilbe behandelt werden, scheiden sich die Imkergeister. Ich habe wie so viele Imker verschiedene Wege ausprobiert und mich schließlich für den entschieden, der am besten zu mir passt und von dem ich mittlerweile überzeugt bin, dass es der schonendste Weg der Behandlung ist.

An der Imkerschule unseres Bundeslandes wird bei der Bekämpfung der Varroamilbe beispielsweise die Schwammtuch-Methode favorisiert. Dabei wird Ameisensäure auf ein Schwammtuch geträufelt und in einer Schockbehandlung in das Bienenvolk gegeben. Mir wurde zu Beginn meiner Imkerkarriere zudem eingebläut, dass es aus Kostengründen – typisch sparsamer Imker – auch zwingend nur die günstigsten Schwammtücher vom billigsten Discounter sein dürfen. Dieses Vorgehen wirkt effizient und ist tatsächlich äußerst billig – und damit sind schon mal zwei wichtige Kriterien für viele Imker*innen erfüllt. Oft werden die Schwammtücher noch nicht mal wieder aus dem Bienenstock herausgenommen. Dann zerlegen die Bienen das Schwammtuch innerhalb kürzester Zeit in seine Einzelteile.

Wenn man jedoch ein Stückchen weiterdenkt und sich fragt, wie die Säure mit den Inhalts- und Farbstoffen der Schwammtücher reagiert und welche Prozesse dabei möglicherweise in Gang gesetzt werden, wird einem klar, dass dies schlichtweg nicht gut erforscht ist. Es ist ein handgestricktes Vorgehen von uns Imker*innen, das in Hinblick auf die Varroamilbe durchaus effizient ist. Wenn ich mich aber frage, was für Stoffe da vielleicht in meinem Bienenvolk, in meinem Bienenwachs und damit schließlich irgendwann auch in meinem Honig landen, bin ich nicht mehr so überzeugt von dieser Methode. Ich habe dagegen gute Erfahrungen mit wiederverwendbaren Langzeitverdunstern gemacht, die zu einer Konzentration führen, die den Bienen nicht schadet, wohl aber der Varroamilbe. Dass die Schadschwelle unterschiedlich hoch ist, liegt an den Unterschieden im Stoffwechsel der beiden Organismen.

Entscheidend für die Wirkung der Ameisensäure ist die richtige Temperatur im Behandlungszeitraum. Ich habe Glück: Auch in diesem Jahr finde ich ein gutes Witterungsfenster und kann die Völker, bei denen eine Behandlung notwendig ist, bei niedriger Luftfeuchtigkeit und passenden Temperaturen behandeln. Als ich nach einer Woche zum Bienenstand zurückkehre, stelle ich zufrieden fest, dass der Milbenfall auf den Diagnoseschalen bei allen Völkern gering ausfällt und sie nur wenig belastet sind. Ich bin erleichtert. Bis zur Oxalsäurebehandlung um die Wintersonnenwende herum kann ich davon ausgehen, dass die Milbenbelastung meiner Bienen weiterhin gering bleibt und sie so ideale Voraussetzungen haben, gut über den Winter zu kommen. Jetzt werfe ich nur noch einen kurzen Blick in die Völker, um sicher zu sein, dass sie weiterhin weiselrichtig sind.

Beim Herausziehen eines Rähmchens kann ich kaum glauben, was ich auf dem Brutbrett sehe: zahlreiche in ihren Waben verkümmerte Bienen, die gerade dabei waren zu schlüpfen! So etwas habe ich nie zuvor gesehen, und es sieht einfach furchtbar aus. Die herausgestreckten Rüssel der Bienen erinnern an eine Vergiftung durch Ackergifte, aber das kann in der naturbelassenen Umgebung hier nicht der Fall gewesen sein! Oder findet sich gar eine fadenziehende Masse, die auf die Amerikanische Faulbrut hinweist?

Dramatischer Bienentod

Mein Herz klopft mir bis zum Hals, und ich sehe vor meinem inneren Auge meinen Bienenstand schon als Seuchenschutzgebiet ausgewiesen, inklusive der notwendigen Sanierung meiner Bienenvölker oder sogar ihres totalen Verlustes. Ich habe die Folien aus dem Imkerkurs »Bienenkrankheiten erkennen« vor meinem inneren Auge – Menschen in Ganzkörperschutzanzügen, die mit kochender Ätznatronlauge Beuten und Materialien im Laugenkessel desinfizieren und bei den geschädigten Völkern zu retten versuchen, was noch zu retten ist.

Nachdem ich in meiner Not Udo angerufen habe, biegt er kurz darauf schon mit seinem Fahrrad auf die Apfelwiese ein. Allein seine zupackende und ruhige Art beruhigt mich wie immer schlagartig.

»So, mein Mädchen, dann lass uns mal anschauen, was es da gibt. Klang ja wirklich aufregend dein Anruf. So schlimm wird es schon nicht sein. Wo schauen wir denn als Erstes rein, welches von den Völkern macht dir denn am meisten Kummer?« Zaghaft deute ich auf die Beute, die ganz links steht.

»Udo, lass uns dort mal anfangen. Bei diesem Volk finde ich es am allerschlimmsten.« Ich zücke meinen Stockmeißel und hebele die unteren beiden Brutzargen auseinander. Dann greife ich den Smoker, hebe den Deckel hoch und gebe von oben vorsichtig etwas Rauch in die Beute. Die Bienen beruhigen sich sofort und kriechen zwischen die einzelnen Rähmchen. Ich löse sanft die Rähmchen voneinander und nehme eine der Brutwaben heraus.

Udo rückt ein Stück näher heran und nimmt mir das Rähmchen vorsichtig aus der Hand. »Hmmm, hmmm. Schön sieht das nicht aus, da hast du recht.« Ich schlucke. Ich habe alles für meine Bienen gegeben und jeden Schritt im Jahresverlauf vorschriftsmäßig beachtet. Nichts hat darauf hingedeutet, dass irgendetwas in Schieflage ist. Udo zieht sein kleines

Taschenmesser aus der Hosentasche und zupft damit eine der toten Bienen aus ihrer Wabe. »So, und wann genau hast du mit dem Langzeitverdunster gearbeitet?«

Ich blicke Udo an und beginne, nachzurechnen. »Also, genau vor einer Woche habe ich die Ameisensäurebehandlung bei den Völkern begonnen. Die Temperaturen waren optimal, nicht zu heiß tagsüber, nicht zu kalt in der Nacht. Und die Luftfeuchtigkeit hat auch gepasst.«

Udo schaut mich ruhig an und erklärt geduldig: »Das ist halt ein Mist mit der Varroa und der Ameisensäure. Am Ende des Tages ist es immer Stress für das Bienenvolk, egal wie man es macht. Aber das hier, das sieht mir wirklich nicht dramatisch aus. Faulbrut ist es mit Sicherheit nicht. Für mich sieht es auf den ersten Blick eher nach einem Brutschaden durch die Varroabehandlung aus, und die Mädels hatten noch nicht genug Zeit, um die toten Kolleginnen nach draußen zu bringen und alles sauber zu putzen. Brutschäden lassen sich bei der Anwendung der Ameisensäure leider nie vollständig ausschließen. Insbesondere die gerade schlüpfenden Jungbienen werden ziemlich schnell geschädigt und können als erhöhter Totenfall vor dem Flugloch liegen – oder wie in deinem Fall halt noch in den Waben stecken. Dieser Totenfall tritt verstärkt dann auf, wenn nicht ausreichend Futterkränze über der Brut vorhanden sind und das Brutnest somit zu nah an der Säure liegt. Vielleicht legst du nächstes Mal einfach kleine Holzblöcke unter den Verdunster, dann ist der Abstand zum Brutnest größer. Aber keine Sorge, der Verlust an Bienen wird durch intensiveres Brüten nach der Behandlung rasch ausgeglichen und wirkt sich eigentlich kaum auf die Überwinterung aus. Ein schöner Anblick ist es aber allemal nicht, da gebe ich dir recht!«

Gleichzeitig erleichtert und besorgt schaue ich Udo an. »Ich bin wirklich froh, dass du so schnell gekommen bist und dass alles halb so wild ist. Aber was kann ich denn jetzt daraus lernen, Udo?«

Udo zuckt mit den Schultern. »Vor allem: immer ruhig bleiben. Im Grunde hast du alles richtig gemacht, arbeite weiter so präzise, schau dir die Temperaturen genau an, wenn du die Behandlung planst, und lass dich nicht beirren. Dann kann nicht viel passieren! In Zukunft achtest du einfach stärker darauf, dass gut eingefüttert ist und die Brut so weiter vom Langzeitverdunster entfernt ist. Leider ist es so, dass wir mit der Varroa leben müssen, und die Behandlung mit den organischen Säuren bedeutet immer eine Belastung für die Bienen. Solange wir die Honigbiene noch nicht so weit gebracht haben, dass sie sich selbst gegen die Varroa wehren kann oder etwas Neues entdeckt wird, wie wir die Milbe ein für alle Mal in den Griff bekommen, müssen wir mit der gängigen Behandlung weitermachen. Keine Bange, das wird schon.«

Udo wirft mir ein verschmitztes Lächeln zu und sucht sich einen der schönsten Äpfel vom Baum aus. Gemeinsam sitzen wir an diesem Nachmittag lange auf den noch unbesetzten Holzbalken, auf denen auch meine Beuten stehen, blicken auf die Apfelwiese und reden über unsere Bienen.

Nach einigen Jahren und mit einem größeren Erfahrungsschatz weiß man, wie wichtig die Auswahl des richtigen Behandlungszeitpunktes bei der Varroabehandlung ist – andernfalls schädigt man nicht nur die Varroa, sondern auch die Bienen. Meine Wirtschaftsvölker behandele ich daher nun nicht vor Mitte August, um die Entwicklung der Winterbienen nicht zu stören. Die erst wenige Monate zuvor gegründeten Ableger werden erst ab Anfang bis Mitte September behandelt – da sie eine völlig andere Populations- und Milbenentwicklung zeigen und mehr Zeit für ihre Entwicklung brauchen. Zudem starten die Ableger mit einer geringen Milbenlast, da sie gleich im brutfreien Stadium mit Milchsäure behandelt wurden.

Erst im August werden die wertvollen Winterbienen aufgezogen – zu einem Zeitpunkt, an dem sich das Brutnest bei den Wirtschaftsvölkern seit Juli auf etwa zehntausend Zellen halbiert hat. Also lohnt sich das Warten auf Ende August durchaus, auch wenn das norddeutsche Wetter zu dieser Jahreszeit oftmals nicht wirklich berechenbar ist. So gibt es durchaus Jahre, in denen das Zeitfenster für die Behandlung durch widrige klimatische Bedingungen sehr eng ist und ich erleichtert bin, wenn sich alle Behandlungen und das Einfüttern schließlich doch noch gut ausgehen.

INSPIRATION BIENE

Von Hippievölkern, Architektenbienen und warum wir von den Bienen lernen können, dass ein Gemeinwesen auf Dauer nur bestehen kann, wenn alle Beteiligten dabei gewinnen

Beschützend ruht Klaas' Hand auf dem kühlen, geblümten Stoff meines Sommerkleides, während er mich sanft aus dem Strom der vorbeieilenden Menschen zur Seite zieht. Schlagartig wird mir bewusst, dass ich für einige Augenblicke ganz in den Bann des eindrucksvollen, über hundert Jahre alten Reliefs am Hauptportal des Gymnasiums der nächstgelegenen Kreisstadt gezogen worden war. Die Luft um uns herum flirrt vor Sommerhitze, während heitere Gesprächsfetzen aus allen Ecken zu uns dringen. Unsere Zwillingsmädchen erspähe ich in der Ecke des Schulhofes, glücklich und ausgelassen mit ihren besten Freunden und Freundinnen plaudernd und voller Aufregung angesichts der feierlichen Begrüßung an ihrer neuen Schule.

Meine Gefühlslage schwankt zwischen diesem unwiderstehlich mitreißenden, glückseligen Aufbruchsgefühl und zugleich einer tiefen Fassungslosigkeit, wie schnell die vergangenen zehn Jahre an uns vorbeigerast sind. Unsere Mädchen sind auf dem Sprung, die Welt zu erobern. Was für ein Glück, dass wir Eltern ihre Leidenschaft für das Leben und die Begeisterung für alles Neue hautnah miterleben dürfen und uns in unserem bereits eingerichteten Leben davon inspirieren lassen können! Bevor wir zu unseren Töchtern hinübergehen, werfe ich noch einen kurzen Blick auf das Relief, in dessen Zentrum eine Biene dargestellt ist. Sie thront über jedem eintretenden Schulkind als das Ideal eines unermüdlich emsigen und fleißigen Wesens.

»Eigentlich ist es schon verwunderlich, dass wir der Biene immer und einzig allein den Fleiß als ihren dominierenden Wesenszug zusprechen. Uns Menschen zeichnen doch auch viele verschiedene Eigenschaften aus. Findest du etwa auch, dass jede einzelne Biene der anderen so sehr in ihren Wesenszügen gleicht?«

Klaas schaut mich mit einem feinen Lächeln an und schüttelt schließlich den Kopf. »Nein, so einfach ist das natürlich nicht. Klar, wenn ich eine einzelne Biene in der Natur sehe, unterscheidet sie sich für mich kaum von einer anderen. Vielleicht auf den ersten Blick in ihrer individuellen Färbung. In ihrem emsigen Nektar- und Pollensammeln sind sie sich hingegen schon sehr ähnlich, und da ist es auch ganz gleich, ob es eine Wild- oder eine Honigbiene ist. Aber ich gebe dir recht – ich empfinde Bienen und insbesondere Bienenvölker mittlerweile auch als sehr verschieden, und man kann bei längerer Betrachtung durchaus den Eindruck gewinnen, dass es unter ihnen sehr unterschiedliche Temperamente gibt. Allerdings zeichnen sich die Bienen gegenüber uns Menschen durch zwei entscheidende Unterschiede aus: Ihr Verhalten wird durch viele angeborene Instinkte beeinflusst, und sie sind als Individuum nicht emotional gesteuert. Also sie sind weder konsens- oder streitsüchtig noch an faulen Kompromissen interessiert. Vielleicht macht sie genau diese nüchterne Fokussierung auf ihre Existenz und damit auf das Wohl des gesamten Bienenvolkes zu einer solch erfolgreichen Spezies.« Ich nicke zustimmend, nehme seine angebotene Hand an, und wir schlendern über den Hof hin zu der Ecke, in der sich unsere Freunde unterhalten.

»Diese Einzigartigkeit der verschiedenen Bienenvölker wird mir immer besonders bewusst, wenn ich ein Volk über eine längere Zeit am Flugloch beobachte und einen Blick in die Beute hineinwerfe. Auf der Wabe des einen Volkes laufen die Bienen ruhig und entspannt umher, während sie bei einem anderen unruhig und aufgeregt sind. Manche Völker fließen sanft wie ruhiges Wasser über die Rähmchen, andere sind schon beim Öffnen des Beutendeckels aufgebracht. Und auch der Geruch ist von Volk zu Volk unterschiedlich. Jedes Bienenvolk ist tatsächlich einzigartig und besonders!« Ich hole kurz Luft und fahre direkt fort: »Im Laufe der Jahre habe ich die unterschiedlichsten Temperamente bei meinen Bienenvölkern kennengelernt. Und ich finde: Bienen sind den Menschen in manchem überraschenderweise sehr ähnlich! Ich bin mittlerweile überzeugt, dass sie Gefühle und Angst vor manchen Dingen haben. Jede unruhige Handlung, jedes laute Geräusch oder jede abrupte oder heftige Bewegung und unausgeglichene Stimmung von mir überträgt sich sofort auf das Bienenvolk. Wenn ich hingegen langsam, bedächtig und ruhig arbeite, dann habe ich das Gefühl, dass sich auch die Bienen entspannen und sich sicher fühlen. Zucke ich aufgeregt zurück oder lasse ich das Rähmchen aus der Hand gleiten, wenn ich gestochen werde, rächt es sich hingegen unmittelbar, und ich ernte weitere Stiche. Auch wenn ich Angst habe, spüren die Bienen es sofort. Offensichtlich versetzt der Angstschweiß die Bienen in eine aggressive Grundstimmung und ein ruhiges Arbeiten am Bienenstock ist dann schlichtweg unmöglich. Eigentlich sind die Bienen der perfekte Spiegel meiner eigenen Befindlichkeit!«

Inzwischen sind auch unsere Freunde, die in der schattigen Ecke des Schulhofes ebenfalls auf ihre Kinder warten, auf unsere Diskussion aufmerksam geworden, und Uwe nimmt gleich den Faden auf. »Tiere funktionieren aber doch, anders als wir Menschen, viel eindeutiger über ihren Instinkt. Und das, was ihre Eigenart ausmacht, wird sich ja wohl nur in feinen Nuancen zeigen. Schließlich kommen in einem Bienenvolk zigtausende Individuen zusammen, wie soll sich da eine dominierende Haltung ausprägen?«

Ich überlege kurz und werde gleich von unserem Kleinsten unterbrochen: »Mama, erzähl Uwe doch mal von den Kriegerbienen und den Architektenvölkern, ich glaube, dann versteht er besser, was du meinst!«

Von Hippievölkern und Architektenbienen

Mit dieser Steilvorlage ist mir nun die Aufmerksamkeit der ganzen Runde sicher. Um die Kriegerbienen und Architektenvölker zu erklären, muss ich aber etwas weiter ausholen. Ich lehne mich an den alten Backsteinklinker, schaue in die Runde und spüre, dass unsere Freund*innen tatsächlich mehr über die Bienen erfahren möchten.

»Zunächst einmal kann man die Gemeinschaft so vieler Bienen-Individuen als Superorganismus verstehen, wir Imker*innen bezeichnen ihn auch mit dem Begriff ›Bien‹. Der Bien ist tatsächlich in der Lage, Fähigkeiten zu entwickeln, welche die einzelne Biene nicht beherrscht. Beispielsweise sind Bienen als Insekten wechselwarm, in der Gruppe können sie ihre Temperatur jedoch dauerhaft halten, ganz wie ein warmblütiges Tier. Und diese Gemeinschaft zeichnet tatsächlich eine Bandbreite an unterschiedlichen Strategien im Miteinander aus.

Am unangenehmsten sind sicherlich die Völker, die alles über Angriff und Aggression lösen. Öffne ich bei so einem Volk den Beutendeckel, schaltet das Volk sofort auf Alarm. Es fängt laut an zu summen, und unmittelbar fliegen um die zwanzig Bienen eine Attacke auf mich, setzen sich auf meinen Imkeranzug, wackeln einmal mit ihrem Hinterleib, um sich in perfekte Position zu bringen, und senken nahezu zeitgleich ihren Stachel in Richtung meiner Haut. Alles mit dem Ziel, mich, den ungebetenen Eindringling, schnellstmöglich zu vertreiben.

Überraschenderweise kann man diese Aggressivität sogar riechen – das Verteidigungspheromon der Bienen erinnert ein bisschen an den Geruch süßer, überreifer Bananen. Diese aggressiven Völker sind erfahrungsgemäß enorm effektiv als Honigsammler*innen. Schier unermüdlich schleppen sie Nektar und Pollen an, bis innerhalb weniger Tage eine ganze Zarge vollgepackt ist. Damit begnügt sich dieses Volk jedoch nicht – es rackert sich bis zur völligen Erschöpfung ab, und jede neu verdeckelte Honigwabe scheint nur ein noch größerer Ansporn zu sein, mehr und mehr zu sammeln. Aber Freude macht es mir wirklich nicht, an so einem stechwütigen Volk zu arbeiten.«

»Und da kann man gar nichts machen, damit sie friedfertiger werden?«, hakt Uwe ein.

»Das Einzige, was bei so einem Volk hilft, ist der Austausch der Königin, erst dann kehrt wieder Frieden ein, und alles wird harmonisch«, antworte ich bedauernd.

»Und gibt es auch den Gegensatz – also entspannte und harmonische Völker?«, fragt Steffi.

»Ja, die gibt es tatsächlich, ich nenne sie liebevoll meine Hippievölker. Auf den ersten Blick sind sie sehr viel sympathischer, und sie durchzuschauen, ist völlig entspannt. Denn öffnet man ihre Beute, hört man direkt ein ausgeglichenes, sanftes Summen. Das ganze Volk wirkt unaufgeregt und harmonisch, die Königin legt entspannt ein großes Brutnest an, das von den Arbeiterinnen mit Honig- und Pollenrand versehen wird, und selbst die Drohnen werden im Spätsommer nicht ausgegrenzt. Munter brummen sie mir noch entgegen, wenn ich im Spätsommer einen letzten Blick in das Volk werfe. Love and Peace – das ist die Maxime der Hippievölker. Wenn ich im Mai jedoch die Honigräume überprüfe, trifft mich nach all dieser Entspannung aber oft die große Ernüchterung. Bei aller Harmonie haben die ihre Honigräume komplett ignoriert, und es herrscht gähnende Leere in den Vorratskammern. Die Devise dieser Völker lautet ganz klar: Warum sich kaputtarbeiten, wenn man sich doch mit dem honigsüßen Leben zufriedengeben kann, dass einem auch so möglich ist! Sie haben im Brutbereich genug Vorräte für den Winter gesammelt, für die Nachkommenschaft ist also gesorgt, nun können sie sich auf den Lorbeeren ausruhen und den sonnigen Sommertag genießen.«

»Gibt es denn auch Völker, die entspannt sind und trotzdem fleißig Honig eintragen?«, hakt Steffis Mann Hannes interessiert nach.

»Die gibt es tatsächlich. Und als Imkerin gilt meine wahre Liebe genau diesen Völkern, die fleißig sind und zugleich völlig unbeeindruckt reagieren, wenn ich sie öffne und an ihnen arbeite. Bei ihnen kann ich meine Durchsicht unaufgeregt und schnell verrichten. Wenn ich im Frühsommer dann einen Blick in den Honigraum werfe, bin ich vollends glücklich: Jede Zelle ist gleichmäßig ausgebaut, fleißig und unermüdlich wurde Honig eingetragen, und alles ist emsig verdeckelt worden. Auch das Brutnest im unteren Beutenbereich ist fein säuberlich aufgeräumt. An den Rähmchenoberseiten wird kein Wildbau betrieben, und die Drohnenbrut wird selbstverständlich nur im Drohnenrahmen angelegt. Aus diesen Völkern bilde ich mit Vorliebe meine Ableger!«

»Und was hat es mit den Architektenvölkern auf sich?«, schaltet sich nun Marlen, Uwes Frau, ein.

»Das ist wirklich spannend, denn manchmal entwickeln Bienenvölker tatsächlich eine ganz besondere Vorliebe. Eines meiner Völker liebt es beispielsweise heiß und innig zu bauen – daher nenne ich es Architektenvolk. Wenn dieses Volk die Möglichkeit bekommt und genug Raum hat, frei zu bauen, gestaltet es die wundervollsten Wabenkunstwerke, die sorgsam in sich verschachtelt und kunstvoll aufgebaut sind. Nach der Honigernte gebe ich meinen Völkern ja das von den Honigwaben abgekratzte Verdeckelungswachs über eine Futterzarge zurück. Normalerweise stürzt sich jedes Volk auf diese klebrige Masse aus Wachs und Honig und arbeitet innerhalb kürzester Zeit zielstrebig den Honig heraus. Die Wachsreste bleiben dann fein zerknabbert am Boden liegen. Lasse ich das Wachs dann einige Tage zu lange im Volk, beginnen sie aus Langeweile, daraus kleine Wachsknubbel am Deckel zu bauen – das ist aber meist schon das Maximum der Gefühle. Ganz anders mein Architektenvolk. Kaum ist der Honig aus dem Entdeckelungswachs in Rekordgeschwindigkeit herausgearbeitet, wird das Wachs umgehend für Bautätigkeiten genutzt. Wenn ich wenige Tage später den Deckel der Beute öffne, erblicke ich unfassbare Wabenkunstwerke!« Ich hole Luft und vergewissere mich mit einem Blick in die Runde, dass ich nicht in einen zu abgehobenen Bienenmonolog abgedriftet bin. Das Interesse unserer Freund*innen scheint aber weiter ungebrochen zu sein.

»Das hätte ich echt nicht gedacht, dass Bienenvölker so unterschiedlich sind«, sagt Marlen nachdenklich.

»Mit den Jahren entwickelt man ein Gespür für die unterschiedlichen Bienenvolk-Charaktere. Manche Bienenvölker sind absolute Frühaufsteher und möchten am liebsten schon bei Sonnenaufgang ausfliegen – andere Völker sind genussvolle Langschläfer, bei denen die ersten Bienen erst am späten Vormittag träge am Flugloch herumlungern. Manche Völker scheinen eine große Vorliebe für möglichst farbige Pollen zu haben, und im Sonnenlicht betrachtet leuchten ihre Pollenwaben in den unterschiedlichsten Farben von gelb über orange, rot, grünlich, bläulich bis hin zu violett. Bei anderen scheint Vielfalt weniger gefragt zu sein, und es wird möglichst einfarbiger Pollen eingetragen. Irgendwie scheint mir vieles bei den Bienen gar nicht so anders zu sein als bei uns Menschen«, sage ich nachdenklich und lasse meinen Blick über den Schulhof schweifen. Aus dem Augenwinkel erspähe ich unsere Töchter, die uns glückstrahlend über den Schulhof entgegenlaufen.

Die erfolgreichste Gemeinschaft der Welt

Nicht nur in diesem Gespräch mit unseren Freund*innen spüre ich, dass Bienen eine große Anziehungskraft auf viele Menschen ausüben und das Interesse an ihnen und ihrem Wohlergehen sehr groß ist. Ein entscheidender Grund ist sicherlich, dass Bienen eine große Inspirationsquelle für das Zusammenleben von Gemeinschaften sind. Vermutlich sogar die mit den erfolgreichsten Strategien.

Bienen gibt es mindestens seit hundert Millionen Jahren auf der Erde. Bernsteinfunde geben uns darüber Auskunft. Vermutlich sind Bienen sogar noch älter, um die 120 Millionen

Jahre – ein Zeitpunkt, an dem einige windbestäubte Pflanzen an ihrer atemberaubendsten Erfindung tüftelten: der Blüte. Mit dieser genialen Entwicklung können sie nun auch Insekten anlocken, die als Bestäuber deutlich zuverlässiger sind als die mit dem Wind fliegenden Pollen. Heute haben die Pflanzen diese bahnbrechende Erfindung weiter perfektioniert und locken die Bienen mit einer Vielzahl herrlich bunter Blüten an. Zudem produzieren sie zusätzlich Nektar, der für die Bienen eine unwiderstehliche zuckerhaltige Mahlzeit darstellt. Uns Menschen sind die Bienen damit nicht nur mit ihrem Alter, sondern zugleich auch evolutionsbiologisch überlegen. Ihre erfolgreiche Existenz über einen so langen Zeitraum garantiert offenbar ihr ausgeprägter Gemeinsinn. Streitende Bienen? Unvorstellbar. Bienen sind keine Einzelkämpfer, sie leben für die Gemeinschaft.

Vermutlich wäre ich selbst keine gute Biene, denn ich bin ein Mensch, der es sehr genießt, Zeit mit sich selbst zu verbringen. Vielleicht bin ich deshalb so eine begeisterte Imkerin, da ich die Ruhe am Bienenstand schätze und gern beobachte, was die Bienen mir mitteilen.

Die Königin – erste Dienerin ihres Volkes

Eines der größten Geheimnisse ist die Frage, wie das Zusammenspiel von fünfzigtausend Individuen in einem Bienenstock so erfolgreich funktionieren kann. Ist eine einzelne Biene tatsächlich ein Individuum? Oder ist sie eher in ihrer Gesamtheit als der Bien zu verstehen? Der wichtigste Aspekt in der Betrachtung dieser Gemeinschaft ist dabei so simpel wie überraschend: Im Bienenstock gibt es keinen Chef. Unsere Bezeichnungen, die wir für den Bienenstaat kennen und nutzen, sind völlig irreführend und entsprechen nicht der natürlichen Ordnung im Bienenstock: beginnend bei der Königin bis zu den Arbeiterinnen.

Klar kommt der Königin eine exponierte Stellung innerhalb des Volks zu, aber anders, als man zunächst meint. Die Königin hat genauso wenig zu sagen wie eine einzelne Arbeiterin oder ein Drohn. Sie ist keine autoritäre Macht, die über die Vorgänge in ihrem Reich umfassend unterrichtet ist, sie wacht nicht über die Vorräte und erteilt auch nicht den Befehl zum Angriff. Ihre wesentliche Kompetenz ist schlicht und einfach die Sicherstellung der Reproduktion ihres Volkes. Sie legt am Tag bis zu zweitausend Eier, deutlich mehr als ihr eigenes Körpergewicht. Damit sie solche Massen an hochwertigem Eiweiß zu Eiern werden lassen kann, wird sie unentwegt von den Ammenbienen gefüttert. Die Königin ist letztlich also völlig abhängig, sie entscheidet noch nicht einmal selbst über ihren Amtsantritt oder das Ende ihrer Regentschaft. Selbst ihre Gene unterscheiden sie nicht von den anderen Bienen, einzig und allein das Gelée royale, das ihr in der Kinderstube gefüttert wird, entscheidet darüber, dass sie zur Königin wird. Und doch ist sie mehr als nur ein einzelnes Element dieser Gemeinschaft.

In einem Bienenvolk wirken alle zusammen. Die Wärme der Gemeinschaft ist für die Bienen überlebensnotwendig, allein kann eine Biene es nicht durch die Nacht schaffen. Manchmal finde ich morgens im Auto ein winziges Knäuel Bienen, das bei der Honigernte am Vortag versehentlich im Auto verblieben ist und sich in seiner Not über die Nacht an der Heckscheibe zusammengekuschelt hat.

Aber nicht nur die Wärme eint die Bienen als Volk. Die Königin verfügt doch noch über eine versteckte Macht. Es ist die Macht der Hormone. Denn durch ihren Geruch gibt die Königin ihrem Volk so etwas wie eine gemeinsame Identität und sorgt für den Zusammenhalt des Ganzen. Sie sondert permanent Pheromone, also Duftstoffe mit besonderer Wirkung, ab und bewirkt so den Zusammenhalt des gesamten Stockes. Denn sobald nur ein Hauch weniger von ihrem Pheromon im Bienenstock ist, beginnt der unerbittliche Sturz ihrer Regentschaft. Bei einigen Arbeiterinnen werden die Eierstöcke aktiv, und schlagartig entsteht Unruhe im Volk, da allen Beteiligten klar ist, dass die alte Königin zu schwach wird, um die hohen Anforderungen zu erfüllen und die Zukunft des Bienenvolkes erfolgreich zu sichern. Die Baubienen reagieren umgehend auf diese nun unumkehrbare Entwicklung und beginnen mit dem Bau von Weiselzellen für eine neue Königinnenbrut.

Und die Königin? Sie klammert sich nicht an den Thron, sondern sichert die Existenz des Volkes, indem sie vorsorglich Eier in die Brutzellen ablegt, aus denen nun eine neue Königin nachgezogen wird. Der Anfang vom Ende dieser Königin hat unweigerlich begonnen.

Das Bienenvolk ist ein flexibles soziales System

Alle Arbeitsprozesse regeln die Arbeiterinnen durch klar festgelegte Teams, zugleich finden wir im Bienenvolk überall Verantwortungsgebiete mit weichen Übergängen. Bienen tauschen sich aus, wechseln sich ab oder schulen in Sekunden in hoch spezialisierte Bereiche um, wenn es die Gemeinschaft erfordert. In gewisser Weise kann man dies selbstlos nennen, es ist definitiv eine der Grundbedingungen für ihre erfolgreiche Existenz.

Zugleich zeichnet Bienen ein unschlagbarer Gemeinsinn, gepaart mit einer größtmöglichen Flexibilität und einer perfekt austarierten filigranen und effizienten Kommunikation aus. Diese zeigt sich insbesondere in Krisensituationen: Angenommen, mehrere Tausend Flugbienen sind durch Pestizide vergiftet, dann dauert es nur ein oder zwei Tage, und die Aufgabenbereiche und Strukturen im Bienenstock sind neu organisiert. Zwar ist im Bienenstock alles klar geregelt und der Tätigkeitsbereich einer jeden Biene auf den Tag genau festgelegt, aber genauso ist auch jedes Element völlig flexibel.

Dies geht so weit, dass ältere Bienen nicht nur als Flugbienen ausfliegen, sondern ein Teil von ihnen wieder die ersten Aufgaben im Leben einer Biene wahrnimmt, wie Putzarbeiten oder Brutpflege. Und dieser Wechsel geschieht in Windeseile und ohne eine gezielte Aufforderung. Diese absolute Akzeptanz gleicht einem Wunder an Flexibilität. Bienen demonstrieren uns auf perfekte Art und Weise, dass ein Gemeinwesen auf Dauer nur bestehen kann, wenn alle Beteiligten eingebunden sind und dabei gewinnen. Denn eines zeichnet die Bienen ganz besonders aus: Sie wissen um den Wert der Gemeinschaft.

Im Team unschlagbar

Die Bienen agieren also perfekt als Gemeinschaft – und das nicht nur in Krisen-, sondern insbesondere in Gefahrensituationen. Japanische Honigbienen liefern ein eindrucksvolles Beispiel dafür, wie gefährliche Eindringlinge gemeinsam ausgeschaltet werden können, gegen die sie sich einzeln nicht erwehren könnten oder denen sie nur als süßer Snack dienen würden. So sind einige Hornissen gefürchtete Honigräuber, die sogar in Bienenstöcke eindringen und dort räubern können. Aufgrund ihres harten Außenpanzers können die Bienen die ungebetenen Gäste nicht mit ihrem Stachel abwehren, sie haben jedoch eine andere Achillesferse bei den Hornissen gefunden. Sie bedrohen die Angreifer nicht mit hektischen Abwehrmanövern, sondern warten ruhig, bis der Feind gelandet ist, umzingeln ihn dann und nehmen ihn in den Schwitzkasten bis zum unerbittlichen Hitzetod. Sollte es sich um die hitzeverträgliche Orientalische Hornisse handeln, wird sie hingegen schlicht erstickt: Die Bienen umklammern gemeinsam ihren Hinterleib und verschließen so ihre Atemöffnungen. Ein Prozess, der über Stunden gehen kann. Dabei handeln sie völlig ruhig, pragmatisch – und in allererster Linie gemeinsam.[2]

Vorbild Biene

Im Rückblick ist es für mich kein Zufall, dass mich die Bienen im Moment meiner größten persönlichen Veränderung so begeisterten. Bestehende Strukturen in Windeseile zu verändern und dabei auch zu improvisieren – diese Offenheit und Flexibilität zeichnen die Biene wie wohl kaum ein anderes Lebewesen aus. Und dafür brauchen die Bienen kein Konfliktmanagement oder Motivationstraining.

Der schnelle Wechsel zwischen Gewohntem und Neuem scheint für die Bienen kein Problem zu sein, während wir Menschen Gewohnheiten schätzen und Veränderungen zunächst als Bedrohung empfinden. Zwar herrscht im Bienenstock eine strenge Ordnung, aber ein Bienenschwarm zeichnet auch die Dynamik und Diskontinuität aus, die unser Leben zunehmend prägen. Im Bienenstock kann man erfolgreiche Antworten auf

---

2 Vgl. Papachristoforou, Alexandros: *Current Biology*, Bd. 17, Aristoteles Universität, Thessaloniki, 2007, S. 795.

komplexe Herausforderungen beobachten. Damit kann die Biene tatsächlich ein Vorbild für uns sein.

Wir vertrauen meist auf Routinen statt auf Spontanität und entscheiden uns eher für statische statt für flexible Strukturen. Im Vergleich zu einem Bienenvolk zeigt sich, wie stark dieses Verhalten Ausdruck einer großen Skepsis gegenüber Veränderungen ist. Dabei könnten auch wir von offenen, spontanen und flexiblen Entscheidungsprozessen profitieren. Denn wir würden erkennen, dass Offenheit und Veränderung vor allem eines sind: die Chance für etwas Neues.

MIT BIENENWACHS UND BAUMWOLLE GEGEN DEN PLASTIKWAHNSINN

Warum Plastikmüll eines der größten ökologischen Probleme unserer Zeit ist und wie ich eine sinnvolle sowie sinnliche Alternative finde

»Dann lass uns die Bienenwachstücher doch einfach selbst machen! So schwer kann das nicht sein – wir helfen dir auch. Selbst beim Aufräumen und Saubermachen, Mama! Versprochen, bitte!«

Ich seufze auf. Alles, nur nicht noch ein weiteres Projekt! Meine Familie ist beeindruckend talentiert darin, ständig neue kreative Ideen zu entwickeln und sie mit großer Begeisterung auch direkt umzusetzen. Das ist zwar einerseits sehr inspirierend, aber in der Menge zuweilen auch durchaus ermüdend. Bereits jetzt stapeln sich hinter mir im Wohnzimmer unzählige angefangene Projekte, die sehnsüchtig auf ihre Vollendung warten. Aber ich ahne bereits, dass jeder Einwand zwecklos ist. Wenn unsere Töchter sich einmal eine Idee in den Kopf gesetzt haben, dann sind sie unglaublich überzeugend und mit einer kompromisslosen Entschlossenheit ausgestattet. Die beiden strahlen mich voller Begeisterung und Tatendrang an. »Und das Beste ist: Wir haben bereits erstklassiges Material direkt aus deiner Imkerei! So ein gutes Bienenwachs bekommst du doch nirgends zu kaufen!«

Die sinnliche Alternative zu Plastik

Das Thema Nachhaltigkeit beschäftigt unsere Zwillinge bereits seit Wochen, und sie lassen bei nahezu keinem gemeinsamen Essen die Gelegenheit aus, es vor versammelter Familienrunde in aller Breite zu diskutieren und sich in ihren Ansätzen zu übertrumpfen. Auf den alten Dielenböden ihrer Zimmer stapeln sich eindrucksvoll hohe Zeitschriftenstapel mit Titeln wie »Nachhaltig leben«, »Einfach selbst gemacht« und »Alles hausgemacht«.

Harmonie und Einigkeit stehen bei unseren Teenagern momentan eigentlich nicht unbedingt auf der Tagesordnung, aber bei diesem Thema sind unsere Mädchen völlig einer Meinung. Nahezu täglich erleben wir, dass sie offenbar fest entschlossen sind, unseren Haushalt komplett umzukrempeln und dem alltäglichen Plastikwahnsinn den Kampf anzusagen. In dem kleinen Reformhaus unseres Städtchens haben sie sich zunächst mit nachhaltiger Shampoo-Seife, Gesichtspads aus Baumwolle und Bambus-Wattestäbchen eingedeckt und die lange Reihe an Shampoo, Conditioner und Duschgel in Plastikbehältern aus unserem Bad rigoros aussortiert.

Nach dem Badezimmer scheint nun also unsere Küche an der Reihe zu sein. Innerlich überschlage ich kurz, was für Plastiksünden sich über die Jahre in den Schubladen angesammelt haben könnten. Ich jaule stumm auf. Und denke an die alte Käpt'n Sharky-Plastiktrinkflasche aus Tjards Kindergartentagen, die er trotz ihres kaputten Deckels so innig geliebt und permanent mit sich rumgeschleppt hat. Nie hatte sich eine Chance geboten, sie unauffällig verschwinden zu lassen, und nachdem er sie nach der Kindergartenzeit endlich vergessen hatte, blieb sie in der hintersten Ecke einer Schublade versteckt. Und die Plastikbrotboxen, die es von der Schule zur Einschulung gab, fristen sicherlich auch noch irgendwo ihr bislang unbeachtetes Dasein.

Angespannt rücke ich meinen Wohnzimmerstuhl möglichst unauffällig ein kleines Stückchen Richtung Küche, sodass ich das Treiben der beiden aus den Augenwinkeln verfolgen kann. Tatsächlich, schon in der ersten Schublade scheinen sie fündig geworden zu sein. Mit spitzen Fingern sortieren Merle und Neele entschieden unsere Frischhalte- und Alufolie aus. Merle stemmt ihre Arme in die Hüfte und blickt mich vorwurfsvoll an: »Mama, ganz ehrlich, ist euch denn überhaupt ansatzweise bewusst, dass Plastikmüll eines der größten ökologischen Probleme unserer Zeit ist?«

Zugegebenermaßen etwas angesäuert räume ich die angebrochenen Rollen zur Seite, angele dabei dezent auch die Käpt'n Sharky-Trinkflasche aus der Schublade und verfrachte alles erst einmal unverfänglich in die angrenzende Speisekammer. »Euch ist aber schon klar, dass Papa und ich seit eurer frühesten Krabbelgruppenzeit euer Pausenbrot, das frische Obst, den Frühstücksjoghurt sowie euer Wasser immer vorbildlich in Edelstahlbrotdosen und Glasflaschen verpacken? Und ich möchte gar nicht wissen, wie viel Hunderte Kisten Wasser in Mehrweg-Glasflaschen und Sprudelpatronen wir im Laufe der Jahre herangeschleppt haben! Die Frischhaltefolie nehmen wir doch höchstens mal, wenn schnell etwas abgedeckt werden soll«, versuche ich, mich zumindest ansatzweise zu verteidigen.

»Ja, aber genau da geht es doch schon los!« Merle hat sich offenbar in Rage geredet. »Es geht doch darum, dass jeder im Kleinen beginnt und auf die Massen an Verpackungen verzichtet, die wir bislang nutzen. Wenn wir einfach immer so weitermachen, müllt die Menschheit sich zu, und unsere Erde erstickt unter den Massen an Verpackungen. Der massive Verbrauch an Kunststoffen verändert und schädigt die Natur für Jahrhunderte! Erinnerst du dich an die griechische Bucht, die Giorgos, der Fischer, uns einmal gezeigt hat, die zwar völlig einsam und abgelegen lag, zugleich aber mit Mengen von angespültem Plastik vermüllt war? Ganz ehrlich, Mama, unser Plastikmüll ist mittlerweile überall, selbst in der Tiefsee und in der Arktis. Es gibt Plastikinseln, die größer als viele Länder sind und die im Meer treiben. Schon mal von dem pazifischen Müllstrudel zwischen Hawaii und Nordamerika gehört? Der nimmt eine Fläche ein, die viermal so groß ist wie Deutschland! Angetrieben von den Strömungen sammeln sich überall im Meer unvorstellbare Mengen von Plastik, und sie werden Jahr für Jahr größer!« Sie macht eine kurze Pause, und ich wittere meine Chance, einzuhaken und das Plädoyer zumindest etwas zu relativieren.

Vergeblich, denn sofort ergreift Neele das Wort: »Das Fatale ist: Mit unserem Plastikkonsum schädigen wir nicht allein eure oder unsere Generation – sondern alle die, die noch nach uns kommen! Denn Kunststoffe überdauern den menschlichen Lebenszyklus um ein Vielfaches: Sie brauchen Hunderte bis Tausende Jahre, bevor sie sich überhaupt zersetzen. Und gerade Plastik in Form von Einwegplastik wie Frischhaltefolie ist besonders kritisch, denn das ist nicht einmal wiederverwendbar. Letztlich schützen wir aber auch uns selbst, wenn wir auf den Plastikwahnsinn verzichten, denn wir nehmen ihn in Form von Mikroplastik auch in unseren Körper auf. Es muss sich echt etwas ändern – und Merle hat ausnahmsweise mal recht, Veränderung beginnt im Kleinen und bei jedem von uns. Es gibt doch mit den Bienenwachstüchern alternative Wege, um Lebensmittel zu verpacken.«

Mir ist spätestens jetzt völlig klar, keine der beiden wird auch nur ein einziges Gegenargument gelten lassen. Und zusammen sind sie sowieso eine unüberwindbare Front.

»Und so wirklich neu ist die Idee mit Bienenwachstüchern ja auch nicht«, greift Merle den von ihrer Zwillingsschwester hingeworfenen Faden auf. »Du hast doch dieses wunderbare handgeschriebene Kochbuch deiner Großmutter Katharina, in dem sie auch ganz viele Haushaltstipps niedergeschrieben hat. Da schreibt sie doch auch von den Tüchern.«

Neele nickt ihr zustimmend zu. »Es gibt so viele Möglichkeiten, den Alltag plastikfrei zu gestalten – und klar, Bienenwachstücher sind dabei nur ein Anfang, aber sie sind ein erster Schritt in die richtige Richtung!«

Ich gebe mich geschlagen. »Einverstanden, Mädels, dann versuchen wir uns mal selbst an den Wachstüchern. Denn ganz ehrlich – bei keinem der Wachstücher, die man im Reformhaus oder Internet kaufen kann, ist für mich ersichtlich, woher das Bienenwachs kommt, und genau das wüsste ich schon gern, schließlich möchte ich damit ja unsere Lebensmittel einpacken! Hochwertiges Bienenwachs ist tatsächlich der perfekte Grundstoff, um Lebensmittel einzuwickeln, seit Millionen von Jahren nutzen die Bienen es ja selbst für die natürlichste Art von Haltbarmachung. Diese Stoffe hier im Internet sehen ja alle hübsch aus, aber unter den Anbieter*innen ist nicht ein*e einzige*r Imker*in, der oder die Wachs aus ihrer Imkerei nutzt und so für die Qualität garantieren kann. Die beziehen das alles von irgendwem und hier, schaut mal, hier steht sogar, dass die Wachstücher in Asien produziert werden! Kein Wunder eigentlich, China ist ja neben den osteuropäischen Ländern einer der Hauptexporteure für Bienenwachs. Aber was soll bei solchen Lieferwegen noch nachhaltig sein?«

Also öffnen wir die Manufaktur nun für ein neues Abenteuer und beginnen, Bienenwachstücher herzustellen. Die ersten Exemplare verschenke ich an Familie, Freund*innen und Bekannte. Das Feedback ist überwältigend. Dem Verpackungswahnsinn den Kampf anzusagen und mit bester Qualität zu punkten, trifft offenbar einen Nerv, und bald stapeln sich die Baumwollballen in meiner Werkstatt, um der immer größer werdenden Nachfrage gerecht zu werden.

Der Kauf von Bienenwachs ist Vertrauenssache

Bei dem Wachs, das ich für die Mittelwände meiner Bienen nutze, lege ich großen Wert darauf, dass es aus meinem eigenen Wachskreislauf kommt – und genau diese Qualität erwartete ich auch bei den Bienenwachstüchern. Nur so weiß ich mit absoluter Bestimmtheit, dass es völlig rein ist und das Volk nicht mit Substanzen behandelt wurde, die ich nicht in meinem Wachs haben möchte.

Bienenwachs in reinster Form ist ein so hochwertiges Material, dass es auch einen entsprechenden Preis hat und zugleich die Gefahr besteht, dass Inhalte zugemischt werden, die nichts darin zu suchen haben. Wer mag schon mit Paraffinen oder Stearinen versetztes Bienenwachs verarbeiten oder gar seine Lebensmittel in Kontakt damit kommen lassen? Das Panschen des teuren Bienenwachses ist mittlerweile jedoch ein lukratives Geschäft, weil der Preis für Bienenwachs auf dem Weltmarkt seit einigen Jahren immer weiter anzieht.

Gute Qualität ist wie so oft für den Laien nicht gleich erkennbar, doch einige Punkte geben Aufschluss: Der deutlichste Indikator für hochwertiges Bienenwachs ist immer noch der Geruch. Reines Bienenwachs riecht niemals industriell oder chemisch. Wird es erwärmt, verbreitet sich sofort der typische Bienenwachsduft. Auch am Preis lässt sich hochwertiges Bienenwachs erkennen. Berücksichtigt man, dass Bienenwachs ein rein natürliches Produkt ist und man von einem Bienenvolk höchstens ein Kilo Wachs pro Saison erhält, wird klar, dass wirklich naturbelassenes Bienenwachs ein rares und teures Gut und damit kostenintensiv ist. Auch wenn es verlockend erscheint – allzu günstig angebotenes Bienenwachs oder Bienenwachstücher bezahlt man mit mangelhafter Qualität.

Mit Liebe handgemacht

Mich begeistert an den Wachstüchern das alte Wissen, das bereits seit Jahrhunderten besteht. Und das natürliche Frischhalten mit Wachstüchern ist zeitlos: Unsere Brote und Brötchen halten sich im Wachstuch über mehrere Tage lang so frisch, als kämen sie direkt vom Bäcker. Zugleich duften die Wachstücher großartig und fassen sich mit ihrer Bienenwachsschicht wunderbar an. Im Gegensatz zu Frischhaltefolie bereichern sie unsere Küche und bringen mit ihren schönen Mustern und Farben gute Laune in den Kühlschrank und auf den Tisch.

Für die Herstellung schöpfe ich aus hochwertigen Materialien, deren Bioqualität mich überzeugt: Neben dem natürlichen Bienenwachs und Propolis aus meiner Imkerei nutze ich hochwertige Baumwollstoffe und Baumharz aus einer traditionellen Pecherei. Das Bienenwachs gewinne ich aus dem feinsten Bauwachs und dem sogenannten Jungfernwachs, das beim

Entdeckeln der Honigwaben anfällt. Es ist eine furchtbar klebrige Masse, die sich bei der Honigernte ansammelt. Aber wenn ich sie den Bienen für einige Tage zurückgebe, schlecken sie den Honig fein säuberlich aus. Nach etwa fünf Tagen kann ich dann gereinigten, trockenen schneeweißen Wachs ernten, welcher die feinste und allerbeste Qualität hat. Bei diesem Wachs kenne ich jeden einzelnen Schritt der Entstehung und kann garantieren, dass es absolut natürlich ist. Es ist perfekt für die Herstellung der Wachstücher, die ja in direkten Kontakt mit unseren Lebensmitteln kommen.

Was für uns gut ist, ist auch für die Bienen gut!

Die Wachstücher begeistern aber nicht nur uns und viele andere in der Küche, sondern sie wirken sich kurioserweise auch auf meine Imkerei aus. Und das kam so: Mein Ansatz einer natürlichen Imkerei mit konsequentem Verzicht auf Plastik wurde immer wieder und an den erstaunlichsten Stellen auf die Probe gestellt. Ein Beispiel im Kleinen? Üblicherweise legen Imker*innen transparente Plastikfolien zwischen die oberste Zarge und den Deckel der Bienenbeute. Zugegebenermaßen sind Abdeckfolien auf den ersten Blick durchaus sinnvoll, aber ich haderte von Beginn an mit dieser imkerlichen Praxis, denn nachhaltig und wirklich lebensmittelecht sind die wenigsten Folien, die in den Bienenstöcken zum Einsatz kommen.

Gestandene Imker*innen sind meist überzeugt von der Abdeckfolie, und ich erntete das ein oder andere Mal missbilligende Blicke, wenn befreundete Imker*innen einen Blick auf meine Völker warfen. »Hier fehlt aber die Abdeckfolie, die musst du unbedingt noch darauflegen!«, wurde mir immer wieder gesagt.

Tatsächlich gibt es einige Gründe, die für eine Folie sprechen. Ohne größeren Eingriff in die Beute gibt die transparente Folie einen schnellen und direkten Eindruck von dem Feuchtigkeitsgehalt im Bienenstock und zeigt somit, wie es um das Klima bestellt ist. Das wiederum lässt unter Umständen Rückschlüsse auf die Entwicklung der Bienen zu. Nützlich ist diese Erkenntnis in den Wintermonaten, wenn die Varroabehandlung mit Oxalsäure bei den brutfreien Völkern ansteht. Eine beschlagene Folie kann beispielsweise anzeigen, dass gebrütet wird. Gleichzeitig ist sie jedoch kein verlässlicher Garant, denn die Feuchtigkeit ist immer im Stock, sie fällt bei einer durchsichtigen Folie nur besonders auf. Auch für neugierige Imker*innen bietet die Folie viele Vorteile: Ganz ohne einen kurzen, prüfenden Blick auf die Bienen kommen die wenigsten durch den Winter, und durch die Folie können jederzeit und ohne Einsatz von Rauch die Stärke und der Sitz der Bienenvölker beurteilt werden. Die Folie verhindert, dass die Bienen bei einem kurzen Blick in die Beute unnötig aufgeschreckt werden oder gerade im Winter unnötig abkühlen. Zudem hält die Folie die vom Lichteinfall aufgeschreckten Bienen erst einmal zurück, und sie fliegen den Imker*innen nicht gleich entgegen. So bleibt genug Zeit, die Folie an einem Eck etwas hochzuheben, durch diese Öffnung mit dem Smoker etwas Rauch in die Beute einzupusten und die Folie wieder nach unten zu klappen. Nach wenigen Sekunden hat sich die Warnung im Stock herumgesprochen, und alle Bienen, die vorher auf den Rähmchenoberträgern saßen, sind zwischen die Wabengassen nach unten zu den Honigvorräten geeilt. Nun kann in Ruhe am Stock gearbeitet werden.

Imker*innen sind meist recht ordnungsliebend und mögen die Magazinbeute fein aufgeräumt. Starke Völker hingegen bauen gern, überall und in der kleinsten Ritze – insbesondere der Spalt zwischen Rähmchenoberträgern und Innendeckel ist davon betroffen. Die Folie verhindert bei bauemsigen Völkern den Überbau, also die Verkittung zwischen Rähmchenoberflächen und Deckel. Denn egal ob die Bienen wenige Millimeter oder Zentimeter breit gebaut haben, die Wachsbrücken zementieren den Innendeckel fest an die Rähmchen. Das ist intelligent von den Bienen gedacht, denn so stabilisieren sie die obere Aufhängung ihrer Waben. Es ist jedoch unpraktisch für die Imker*innen, die den Stock ja von oben öffnen. Dank der Folie lässt sich der Deckel anheben, ohne zuvor mit dem Stockmeißel nachhelfen zu müssen. Ein so aufgerütteltes Volk ist meist nicht wohlgelaunt und gut auf den ungebetenen Eindringling zu sprechen.

Zuletzt leistet die Folie gute Dienste beim Einfüttern, das ja bei vielen Imker*innen mit Behältnissen voll Zuckerwasser geschieht. Diese werden in einer Leerzarge auf die Rähmchen gestellt, und durch einen schmalen Spalt, den die Folienabdeckung freigibt, gelangen die Bienen in den Futterraum. Wäre keine Folie dazwischen, würden die Bienen auch den oberen Raum zukitten und Waben anlegen, um ihn bewohnbar zu machen.

Alle diese Gründe leuchten mir theoretisch ein, und so habe ich in den ersten Wintern auch mit der Plastikfolie gearbeitet. Ich machte jedoch immer wieder die Erfahrung, dass sich durch das Kondenswasser bei den Holzbeuten auf den Rähmchen Schimmel bildet. Die Feuchtigkeit macht die Rähmchen teilweise morsch, und beim Heraushebeln der aufgequollenen

Holzrähmchen im Frühjahr brechen diese dann auseinander. Zudem erschien es mir mehr als inkonsequent, einerseits für die Holzbeuten zu brennen und dann doch wieder Plastik zu nutzen.

Also experimentierte ich im folgenden Winter ein wenig und ließ die Folie bei manchen Völkern weg. Und siehe da – bei den Völkern, die ohne Folie überwinterten, gab es kaum Probleme mit Schimmel. Zwei Probleme blieben ohne Folie jedoch: Die Folie schien durchaus eine isolierende Wirkung zu haben, und die Holzvölker, die sich sowieso später im Frühjahr entwickelten, schienen noch etwas verzögerter zu sein als mit Folie. Zudem waren die Deckel oftmals verkittet und nur mit großem Krafteinsatz zu lösen. Irgendeine Form von Trennung schien notwendig zu sein. Nur was kam infrage, wenn ich Plastik aus Gründen der Nachhaltigkeit und Lebensmittelqualität ablehnte?

Die Lösung ist so naheliegend! Sie kam mir jedoch erst in den Sinn, als ich immer mehr mit Wachstüchern in der Küche experimentierte und sie dort nach und nach jede Menge Plastik ersetzten. Wenn die Bienenwachstücher so gute Dienste in der Küche leisteten, natürlich und nachhaltig sind – warum sollte es nicht auch im Bienenstock funktionieren?

Und so begann ich mit der Entwicklung von einigen Prototypen und startete meine Versuchsreihe. Zunächst schnitt ich Stoff auf das Außenmaß der Beute zu. Damit die Bienen den Stoff nicht gleich zerknabbern, wählte ich einen dicht gewebten Baumwollstoff. Als perfektes Material erwiesen sich feste Bettlaken, die schon etliche Male gewaschen worden waren. Das gereinigte Bienenwachs erhitze ich für die Herstellung deutlich über den Schmelzpunkt auf neunzig Grad, da das Wachs sonst nicht richtig in die Stofffasern einzieht. Da Bienenwachs schnell überhitzt und sich entzünden kann, nutze ich einen Edelstahleimer, der im Wasserbad eines Einkochtopfs hängt. In den Eimer tauche ich dann den zugeschnittenen Stoff ganz ein und warte, bis kaum noch Luftblasen aufsteigen, der Stoff also ganz mit Bienenwachs getränkt ist. Mit einem Holzstab wird das Tuch in das flüssige Wachs ganz hineingedrückt und wieder herausgeholt. An der Luft trocknen die Tücher dann einen kurzen Moment auf einem Ständer, und schon sind sie einsatzbereit.

Die Wachsabdecktücher haben sich in meiner Imkerei bewährt und sind für mich die perfekte Möglichkeit, isolierend und zugleich nachhaltig die Wabengassen und den Deckel zu trennen. Sie halten viele Jahre und können immer wieder mit Wachs aufbereitet werden.

Meine Töchter haben mir gezeigt, dass wir sorgsam mit den Ressourcen der Natur umgehen müssen. Dabei ist Nachhaltigkeit ein Weg, bei dem jeder Schritt zählt und der niemals endet. Er beginnt mit kleinen Schritten. *Step by step.*

BEWUSSTER GENUSS

Wie gutes Essen, nachhaltige Lebensmittelproduktion
und die Erziehung zu bewusstem Genuss zusammenhängen
und warum ein Übermaß an industriell verarbeitetem
Zucker auch den Bienen schadet

»Nein, Mama, das möchte ich nicht essen. Wirklich nicht!«
Entschlossen blickt Tjard mich über die Kinderkarte hinweg
an. Unsere Leidenschaft für gutes Essen hat offensichtlich auf
unsere Kinder abgefärbt. Eigentlich ein Grund zur Freude.
Angesichts der sich gerade merklich räuspernden Bedienung
hinter meinem Rücken hätte ich eine etwas diplomatischere
Formulierung unseres Sohnes aber auch durchaus zu schätzen
gewusst. Aber ob des ewigen Fast-Food-Einerleis, das Kindern mitunter auch in guten Restaurants aufgetischt wird,
ist der Gefühlsausbruch meines Sohnes für mich durchaus
verständlich.

Ohne einen Blick auf die Kinderkarte zu werfen, die Tjard in
der Hand hält, ahne ich bereits, was angeboten wird. Schnit-
zel oder Chicken Nuggets mit Pommes frites, Nudeln mit
Tomatensoße, Reibekuchen aus der Tiefkühltruhe oder Fisch-
stäbchen. Im Gegensatz dazu ist die normale Karte richtig gut.
Dass der Küchenchef großen Wert auf regionale Produkte und
eine kleine, aber feine Speisenauswahl legt, ist nicht zu übersehen. Warum dann aber dieses schlichte Angebot für Kinder?
Reagiert der Küchenchef einfach darauf, was Eltern beim Res-
taurantbesuch für ihre Kinder einfordern? Das kann ich mir
nicht vorstellen.

Die Erziehung zu bewusstem Genuss

Um nicht missverstanden zu werden: Auch Fast Food hat für mich seine Berechtigung – und eine Tüte leicht gesalzener und perfekt frittierter Pommes frites vom Strandkiosk an einem heißen Sommertag ist ein perfekter Genuss und für mich mit glücklichen Kindheitserinnerungen verbunden. Aber genauso prägt sich der Geschmack vieler herrlich gekochter, gegarter und geschmorter Gerichte aus einfachen, aber guten Zutaten aus der Kindheit tief ein und bildet die Basis für die Wertschätzung guter Lebensmittel. Es ist so simpel: Nur das, was man kennt, schätzt und im besten Fall liebt, wird man auch schützen. Wenn wir unseren Kindern also nicht die Begeisterung für gutes Essen und ein Bewusstsein für gute Produkte sowie die Vielfältigkeit guten Geschmacks mitgeben, werden wir kein Umdenken in der Lebensmittelproduktion erzielen.

Die Begeisterung für gute Lebensmittel fällt mir naheliegenderweise beim Thema Honig sehr leicht, aber die Liste ließe sich endlos fortsetzen. Der Geschmack eines handwerklich gut gebackenen Brotes statt einer Backmischung aus unzähligen Ersatzstoffen, ein hochwertiges Olivenöl oder eine Möhre, die in einem gesunden Boden gewachsen ist und auch zwei Wurzeln haben und in verschiedenen Farben wachsen darf – die Natur ist so vielfältig, dass wir wieder lernen müssen, dass echte Lebensmittel keiner Norm entsprechen und dass ein Honig nicht immer einheitlich goldig wie der Supermarkteinheitshonig aussieht.

Gerade bei nachhaltig angebauten Lebensmitteln gibt es so wunderbare Nuancen zu schmecken und zu entdecken. Bei einem Sortenhonig schmeckt man, ob das Frühjahr verregnet oder verhagelt war, die Bienen genug Sonnenstunden hatten, um stetig auszufliegen, und welche Blüte die Bienen auf welcher Wiese angeflogen sind. Bei einem industriellen Honig, der aus über dreißig verschiedenen Honigsorten zusammengemischt und erhitzt wird, bis schließlich nur noch ein Einheitsgeschmack übrig bleibt, schmeckt man lediglich pure Süße.

Naturbelassener Honig ist das Abbild seiner direkten Umgebung: Die Bienen fliegen den größten Teil des Nektars in einem Umkreis von ein bis zwei Kilometern ein. Bei dem einen Standort ist ein würziger Löwenzahn dabei, ein anderer Honig ist hingegen überraschend blumig – vielleicht hat dort das Vergissmeinnicht üppig geblüht und ganz verführerisch geduftet. Dann überwiegt wieder Nektar von Himbeerblüten und Brombeerblüten oder Honigtau von den Bäumen, auf denen sich die Blattläuse wohlfühlen. Dieser Wechsel macht die Honigernte jedes Mal wieder spannend, denn jedes Jahr ist das Wetter ein anderes, und jedes Jahr verändert sich die Natur und damit auch unser Honig. Und ein unbehandelter, naturbelassener Honig darf sich im Glas auch entwickeln und verändern.

Leicht entrüstet blickt Berit mich an. »Ehrlich, da nehme ich den Honig nach einigen Wochen aus dem Küchenschrank, schraube den Deckel auf, und was sehe ich? Kristalle über Kristalle! Das kann man echt nicht mehr essen, dabei war der richtig teuer, als ich ihn im Sommer in der Toskana gekauft habe!« Ich schaue sie erstaunt an und versuche zu erklären, was mit dem Honig passiert ist. Denn eigentlich hat sie mit dem Lagern im Küchenschrank den Traubenzucker im Blütenhonig zum Leben erweckt! Gerade Blütenhonige haben einen sehr hohen

Traubenzuckeranteil, und das ist der Grund, warum sich bei etwas längerer Lagerung oder auch bei Kälte Kristalle bilden. Ein völlig natürlicher Prozess – und eigentlich etwas Positives. Denn zeigt der Honig einen Kristallisationsprozess, kann man sich sicher sein, dass man einen ganz naturbelassenen Honig mit all seinen guten Inhaltsstoffen in den Händen hält und keine hocherhitzte Zuckerpampe. Wenn die Kristalle jedoch stören, gibt es ein einfaches Mittel: das Glas Honig in einem Wasserbad sanft erwärmen. Dann schmelzen auch die Kristalle wieder, und man hat einen herrlich flüssigen goldigen Honig.

Massenprodukt Honig oder glitzerndes Abbild der Natur?

Bevor ich Imkerin wurde, habe ich mir zugegebenermaßen wenig Gedanken über den globalen Honigmarkt gemacht. Unseren Honig kaufte ich meist auf dem Wochenmarkt ein – als unverfälschtes Abbild der Region direkt von lokalen Imker*innen aus ihren Bienenstöcken geerntet. Die Realität auf dem Weltmarkt sieht jedoch gänzlich anders aus. Die Europäische Union steht weltweit an zweiter Stelle bei der Honigproduktion, trotzdem kann der Bedarf nur zu einem geringen Teil gedeckt werden. So bedient die deutsche Honigproduktion lediglich zwanzig Prozent der Marktnachfrage, und über achtzig Prozent werden aus China, Südamerika und Osteuropa importiert. Diese Dimension war mir früher nicht ansatzweise bewusst.

Diese Importhonige haben nicht nur einen langen Transportweg hinter sich, sondern sie werden auch bunt miteinander gemischt und auf die durchschnittlichen Geschmacksvorlieben getrimmt. Die Herkunft der Honige und die Art der Bienenhaltung spielen dabei keinerlei Rolle. Um eine normierte

Konsistenz zu erzielen, werden diese Industriehonige auf Temperaturen bis zu siebzig Grad erhitzt. Im Vergleich: Honig in der Bienenbeute wird bei einer Stockwärme von höchstens 35 Grad gelagert. Diese präzise Temperatur ist für die Qualität des Honigs enorm wichtig: Wir wissen, dass bei 37 Grad bereits die ersten Aromen und bei 42 Grad die ersten Enzyme abgetötet werden.

Damit ist klar, dass bei einer Erwärmung über diese Temperaturgrenze vom eigentlichen Charakter und von den gesunden Inhaltsstoffen des Honigs nichts übrig bleiben kann. All das, was einen Honig in seiner Vielschichtigkeit ausmacht und was uns guttut, wird in diesem Prozess vollständig zerstört. Man schmeckt in einem Industriehonig keine Sommerblütenwiese, keinen Löwenzahn oder goldglitzernden Raps. Er schmeckt einfach immer gleich und ist schlicht eine eintönige, cremige Zuckermasse.

Dabei ist Honig wie Wein – er hat jedes Jahr eine vollkommen neue Zusammensetzung und Qualität. Ein guter Honig ist kaum Fremdeinflüssen ausgesetzt und kommt so natürlich wie möglich aus dem Bienenstock. Aus diesem Grund möchte ich den Honig nicht mit irgendwelchen anderen Geschmacksrichtungen verfälschen.

Klar können wir norddeutschen Imker*innen, insbesondere wenn wir auf das Wandern in Trachten verzichten, keine große Bandbreite an Sortenhonigen anbieten, aber dafür ein glitzerndes Abbild der Natur an unserer Ostseeküste. Vielfalt bietet die Natur uns ganz von selbst – von Jahreszeit zu Jahreszeit, von Standort zu Standort und von Jahr zu Jahr ändern sich Geschmack, Aussehen und Zusammensetzung des Honigs. Das macht jeden Honig so einzigartig!

Der Geschmack des Sommers, der Duft einer Frühlingswiese und ein goldiges Glitzern auf der Nase

Für einen der größten Honigliebhaber der Literaturgeschichte, Pu den Bären, gibt es nur einen Grund, warum es die süße Leckerei gibt: damit ein Bär, wie er einer ist, so viele süße Tropfen wie möglich aus Honigtöpfen schlecken kann!

Heute leben wir in einer Zeit der Zuckersucht – süß macht bekanntermaßen süchtig. Seit ich mich mit Bienen beschäftige und Imkerin wurde, hat sich meine Haltung zum Industriezuckerkonsum jedoch grundlegend geändert. Schon seit Jahrhunderten werden Speisen mit Honig gesüßt, und wir wissen heute, dass es weitaus gesünder ist, wenn wir in Maßen mit Honig statt mit weißem, raffiniertem Zucker süßen, der unserem Körper mehr schadet, als dass er uns guttut. Zucker enthält Glucose und Fructose und nichts anderes. Unbehandelter Honig enthält zwar auch Glucose und Fructose, darüber hinaus aber mehr als zweihundert Stoffe, die gesundheitsfördernde Wirkungen haben. Ebenfalls gilt für Honig, dass er den Blutzuckerspiegel langsamer erhöht als Zucker. Das Stichwort lautet glykämischer Index, dessen Wert für Honig deutlich unter dem für Industriezucker liegt. Der schlagartig hohe Blutzuckerspiegel, den Industriezucker auslöst, veranlasst ein Hochgefühl, das aber genauso schnell wieder abnimmt und dem Körper das Signal erteilt, erneut diesen Zuckerflash haben zu wollen. So beginnt eine fatale Endlosspirale!

Hinzu kommt, dass unser Zuckerkonsum immer mehr steigt, da heute in fast allen verarbeiteten Lebensmitteln Zucker zu finden ist. Es gibt kaum eine unserer Mahlzeiten, in der kein raffinierter Zucker enthalten ist – sei es Wurst oder Müsli, salzig oder süß, denn die Industrie nutzt den Süßmacher großzügig als Geschmacksträger. Unsere Kinder werden damit durch jedes fertig zubereitete Essen auf genau diesen Industriezuckergeschmack konditioniert – alles Ungezuckerte schmeckt dann ungewohnt und wird umso schneller abgelehnt.

Fataler Nebeneffekt dieser Entwicklung: Wir verfügen mit dieser Menge an Zucker über ein Übermaß an überschüssiger Energie, die wir nicht verbrauchen und die so langfristig zu Krankheiten wie Diabetes oder Übergewicht führt. Zu viel Zucker und künstliche Fette schaden zudem auch dem Gehirn – und beeinflussen nicht nur die Stimmung, sondern auch das Gedächtnis.

Unbehandelter Honig enthält darüber hinaus noch so viel mehr: Vitamine und Mineralstoffe wie Calcium und Magnesium, die für den Stoffwechsel unerlässlich sind und Muskel- und Nervenfunktionen steuern. Darüber hinaus finden sich im Honig Aminosäuren und Antioxidantien, also jene chemischen Verbindungen, die unter anderem auch Heidelbeeren und Erdbeeren ihren guten Ruf verleihen und als vorbeugend gegen Herz-Kreislauf-Erkrankungen gelten. Neben Enzymen, Aminosäuren und dem Pollen, der verdauungsfördernd wirkt, stimulieren Aromastoffe im Honig das Immunsystem. Schließlich wirkt Honig durch Säuren, Inhibine und Antioxidantien antibakteriell, fördert die Wundheilung und hilft bei Herpes und Zahnfleischentzündung.

Und das Allerschönste ist: Wenn ich mit geschlossenen Augen einen Löffel Honig koste, dann schmecke ich den Sommer, den Duft einer Frühlingswiese, das goldige Glitzern auf der Nase an einem heißen Sommertag.

Nachhaltig imkern – auch Bienen lieben Honig

Als Imkerin drängt sich mir die Frage auf, ob dieses Übermaß an industriell verarbeitetem Zucker nicht nur uns Menschen krank macht, sondern vielleicht auch die Bienen? Ich denke schon. Geben wir den Bienen für den Winter nur Zuckersirup, dann ist es so, als ob wir uns monatelang nur von Schokolade ernähren würden. Daher lasse ich den Bienen heute einen Teil ihrer Honigvorräte und hole nicht das Maximum aus den Völkern heraus. Nur wenn ich im Herbst erkenne, dass die Honigvorräte des Sommers bei einzelnen Völkern nicht für den Winter ausreichen, helfe ich mit der Siruplösung nach. Ich bin jedoch überzeugt, dass der eigene Honig den Bienen sehr viel mehr guttut als reiner Zuckersirup. Auch wenn es meinen Ertrag zunächst reduziert, ist es mir die Gesundheit meiner Bienen allemal wert. So dürfen unsere Bienen nun seit einigen Jahren auf ihrem eigenen Honig überwintern, und ich erfreue mich in jedem Frühjahr an gesunden und ausgeglichenen Bienenvölkern.

Ein weiterer Aspekt der nachhaltigen Imkerei liegt darin, die Bienen in ihrer natürlichen Umgebung zu belassen und sie nicht der Landschaft zu entfremden. Sie nicht dem Stress des Wanderns und damit dem Diktat der Gewinnmaximierung auszusetzen. Was für Folgen das Wandern bei einer industriellen Bienenhaltung nach sich ziehen kann, hat der Film *More than Honey* am Beispiel der durchorganisierten Bestäubung in den USA eindrücklich aufgezeigt. Die Transporte der Bienenvölker zwischen weit auseinanderliegenden Obstplantagen in unterschiedlichen Klimazonen stressen die Bienenvölker dramatisch. Ständig mit pestizidbehandelten Monokulturen konfrontiert, sind die Bienen ohne Antibiotika gar nicht mehr lebensfähig. Aber auch ohne diesen künstlichen Eingriff überleben viele

Völker die Transporte nicht. Auch das Wandern in unseren Breiten ist ein nicht zu unterschätzender Stressfaktor. Klar bekommen Imker*innen oftmals nur so reinen Sortenhonig, aber ist das den Preis, den die Bienen dafür bezahlen, wert?

Nachhaltiges Imkern scheint gerade ein Hipster-Thema zu sein. Bei genauerer Betrachtung habe ich jedoch den Eindruck, dass es diese Strömung schon länger und oftmals auch in Gegenden gibt, wo man es vielleicht gar nicht vermutet. Bei einem Ausflug mit unseren Kindern in den Schweriner Zoo tippe ich entschieden auf die gezeichnete Bienenbeute, als wir uns hinter dem Eingang orientieren und einen ersten Plan für unseren Weg schmieden. »Alles klar, direkt hinter den Lemuren, die Tjard besuchen möchte, biegen wir dann zum Bienenhaus ein. Das möchte ich unbedingt sehen!«

Meine Familie nickt zögerlich. »Mama, bei uns summt es doch schon zu Hause ständig. Können wir vielleicht heute mal keine Bienen anschauen?«, bittet Tjard und blickt mich mit großen Augen an. Ich spüre, wie meine Laune abrupt sinkt, denn auf das neu errichtete Bienenhaus hatte ich mich sehr gefreut. Andererseits kann ich unseren Sohn auch irgendwie verstehen, Bienen gibt es bei uns jeden Tag mehr als genug, und im Zoo warten so viele andere spannende Tiere darauf, entdeckt zu werden.

Bevor ich etwas sagen kann, grätscht Klaas schon ein: »Kein Problem, wir teilen uns einfach kurz auf. Stephanie kann ja nach den Lemuren zu den Bienen abbiegen und sich ganz in Ruhe alles anschauen. Währenddessen besuchen wir die Kapuzineräffchen, die Merle sehen möchte, und statten Marvin, dem Faultier, einen Besuch ab. Den habe ich nämlich von unserem letzten Besuch noch in allerbester Erinnerung. Danach laufen wir am Spielplatz vorbei gleich hoch zum Bienenhaus und holen Mama ab. Alle einverstanden?« Für diesen eleganten Kompromissvorschlag erntet Klaas allseits ein begeistertes Nicken, und ich küsse ihn dankbar auf die Wange.

Voller Vorfreude folge ich dem blütenreichen Bienenlehrpfad zum Waldgeisterplatz. Statt wispernder Gnome oder flirrender Elfen tummeln sich in dieser entlegenen Ecke des Zoos in einem eigenen kleinen Haus mit Imkerei die Bienen. Schnell komme ich mit einem älteren, sehr umsichtigen und erfahrenen Imker ins Gespräch, der sich um die beiden Bienenvölker des Zoos kümmert. »Das sind aber wirklich schöne Holzbeuten, so solide gearbeitete habe ich selten gesehen«, sage ich interessiert, und schon fachsimpeln wir gemeinsam. An diesem Nachmittag erfahre ich von ihm viel über die Besonderheiten der Imkerei in diesem östlichen Landstrich der Ostseeküste und zu DDR-Zeiten.

Denn damals waren in der Imkerei vor allem Erfindergeist und viel Improvisation gefragt. Von den bei uns in Norddeutschland gängigen und verbreiteten Styroporbeuten konnte auf dieser Seite der Ostsee keine Rede sein. Geimkert wurde überwiegend in Einheitsbeuten, oftmals in Hinterbehandlungsbeuten, die in Bienenhäusern aufgestellt wurden.

Nach all den Jahrzehnten, in denen er bereits mit Holzbeuten imkert, ist er noch immer von den Vorteilen des natürlichen Materials begeistert, das sich in seiner Imkerei im Ostseeklima jahrzehntelang bewährt hat. In unserem Gespräch lerne ich viel und gehe mit einem großen Schatz an neuem Wissen aus dieser Begegnung. Der Schweriner Imker hat mich bestärkt, weiter meinen eigenen Weg zu gehen und auf mein Herz zu hören.

Kompromisslos

Ich habe mich entschieden, als Imkerin keine Kompromisse zu machen, nicht bei der Auswahl meines Standortes, nicht bei der Auswahl meiner Beuten, nicht bei der Behandlungsweise gegen die Varroamilbe oder dabei, wie viel Honig ich den Bienen im Volk belasse. Meine Imkerei stellt die Bedürfnisse der Bienen und nachhaltige Materialien in den Mittelpunkt. Ich glaube daran, dass langfristig eine Qualität überzeugt, zu der auch ein nachhaltiger Umgang mit unseren Ressourcen und der sorgsame Umgang mit Tieren gehören. Klar wird man so nicht unbedingt reich, aber das eigene Zufriedenheitsgefühl, kompromisslos seinen Weg zu gehen und ein, in meinen Augen, gutes und ehrliches Produkt anzubieten, ist unbezahlbar. Ich bin überzeugt, dass es im Leben immer um eine ausgewogene Balance zwischen Geben und Nehmen geht. Und das in jeder Beziehung. Die vertrauensvolle Bindung zwischen Eltern und Kindern, zwischen Freunden oder zwischen Menschen und Tieren basiert immer auf dem gegenseitigen Verständnis, den anderen wertzuschätzen. Und dies ist auch der Kern einer nachhaltigen und wesensgemäßen Imkerei, wie ich sie betreibe.

DAS INSEKTENSTERBEN UND DIE BIENENKRISE

Warum die Honigbiene ein unschlagbarer Indikator für
funktionierende Ökosysteme ist und wir den Wert guter
Lebensmittel neu schätzen lernen müssen

Die Apfelwiese leuchtet im warmen goldenen Licht des Spätsommers, und zufrieden summen meine Bienen in dieser friedlichen Idylle. Udo und ich sind ein letztes Mal in diesem Jahr an meinem Bienenstand verabredet, und gemeinsam laufen wir ein Stück über die Streuobstwiese. Die Zweige der alten Apfelbäume beugen sich bereits schwer unter ihrer Last, und die ersten Äpfel färben sich zart rötlich. Jeder Baum auf dieser Streuobstwiese trägt eine eigene, oftmals fast vergessene alte Apfelsorte.

Jedes Jahr aufs Neue bin ich überwältigt, welchen Reichtum an unterschiedlichen Formen, Farben und Aromen die Natur uns auf diesem kleinen Stückchen Land darbietet. Nichts auf dieser Wiese muss in einer bestimmten Menge oder Gleichförmigkeit wachsen, um eine Daseinsberechtigung zu haben. Im Spätherbst werden die Äpfel geerntet und zur Mosterei gebracht. Sind es in einem Jahr besonders viele, ist es gut; ist es ein schlechtes Apfeljahr, ist es auch gut. Kein Bauer muss seine Existenz von dem Ertrag bestreiten.

In Gedanken versunken mustere ich meine Holzbeuten, und gemeinsam verfolgen wir für einige Minuten schweigend das emsige Treiben am Flugloch. Der Herbst kündigt sich bereits deutlich an, die Sonne steht für die Tageszeit tief am Himmel. Es sind nicht mehr viele Tage, die wir mit den Bienenvölkern in diesem Jahr verbringen werden, und allmählich überkommt mich eine Spur Wehmut. Schnell wische ich die trüben Gedanken über das verklingende Bienenjahr beiseite.

Ich bin froh über Udos Besuch, denn seit Tagen drehen sich meine Gedanken unaufhörlich um die Haltung und den Umgang mit den Bienen, wie er heute gang und gäbe ist. Im Gespräch mit ihm und beim gemeinsamen Durchschauen der Bienen wird mir oftmals vieles klarer, denn Udo bereichert meinen Blick nicht nur auf die Bienen, sondern auch auf das Leben.

Zunehmend beschleicht mich das Gefühl, dass in der Haltung von uns Imker*innen den Bienen gegenüber etwas grundsätzlich im Ungleichgewicht ist. Unsere Gesellschaft scheint Nutztiere immer stärker allein aus dem Blickwinkel zu betrachten, wie sich der Ertrag weiter steigern lässt – und das, weil für viele Verbraucher oftmals nur der Preis zählt. Gezüchtet wird so nur die Kuh, die immer mehr Milch produziert. Das Masthuhn, das innerhalb kürzester Zeit sein Schlachtgewicht erreicht. Genauso zählt offenbar nur eine Bienenhaltung, bei der die Bienen immer mehr Honig produzieren. Zu welchen Bedingungen dies geschieht, scheint nebensächlich zu sein.

Kaum wende ich mich Udo zu, blickt er auch schon auf und nickt mir aufmunternd zu. »Na los, Stephanie, fass dir ein Herz. Ich merke doch schon die ganze Zeit, dass dir etwas auf der Seele lastet«, sagt er mit ruhiger Stimme. Schon ein Stück entspannter versuche ich, meine Gedanken zu ordnen, und lege los: »Ganz ehrlich, Udo, diese ständige Ertragsmaximierung kann doch nicht die Zukunft in der Imkerei sein! Wenn wir

Imker*innen unser Handeln immer stärker auf kurzfristige Gewinne ausrichten, sind wir doch keinen Deut besser als die Bauern, die mit dem Einsatz von Ackergiften das Maximum aus ihren Äckern herausholen wollen.«

Udo lässt seinen Blick über die Streuobstwiese schweifen und betrachtet wohlwollend die Natur, die hier noch im Gleichgewicht ist. Mit ruhiger Stimme antwortet er: »Nun, ich habe ja schon ein paar mehr Jährchen auf dem Buckel und sehe das eine oder andere vielleicht etwas gelassener. Klar, so eine Entwicklung passiert ja nicht von heute auf morgen und ist nie auf einen einzigen Bereich beschränkt. Überleg mal, wie sich generell die Ertragsmaximierung bei Nutztieren in den vergangenen fünfzig Jahren entwickelt hat. Also, was schätzt du? Wie hat sich der Milchertrag von Leistungskühen in diesem Zeitraum verändert?«

Ich denke kurz nach. »Na ja, ich schätze mal, dass er sich in einem halben Jahrhundert vielleicht verdoppelt hat?«, sage ich vorsichtig abwägend. Vor Jahren hatten wir mit unseren Kindern einmal einen modernen Melkbetrieb besucht, der mich angesichts des Ausmaßes an Technisierung und Größe ziemlich überrascht hatte. Jeder Schritt der Tiere war klar getaktet, und das Leben dort hatte nichts mehr mit dem kleinen Bauernhof meines Onkels zu tun, den ich aus Kindertagen kannte. Dort waren die vierzig Kühe tagtäglich morgens auf die Weide getrieben worden, und die Kälber durften ganz selbstverständlich in den ersten Lebenswochen bei ihrer Mutter bleiben.

Udo lächelt mich zustimmend an. »Da liegst du genau richtig – er hat sich von etwa fünftausend Liter Milch pro Jahr auf circa zehntausend Liter verdoppelt. Aber schauen wir uns zum Vergleich die Situation der Masthühner an: Vor fünfzig Jahren musste ein Huhn dreimal so viel fressen und benötigte trotzdem doppelt so lang, bis es sein Schlachtgewicht erreicht hat. Heute kann es zwar gegen Ende der Mast fast nur noch ruhen und flattert nicht mehr herum, denn die Knochen wachsen einfach nicht so schnell wie die Schenkel oder das Brustfleisch. Aber dafür ist die Hühnerzucht durch die optimierte Genetik nun wirtschaftlich hocheffizient. Ob man dies als gute oder schlechte Entwicklung einordnet oder unter diesen Umständen produzierte Lebensmittel konsumieren möchte, bleibt jedem persönlich überlassen. Unbestreitbar ist angesichts der Zahlen jedoch, dass eine massive Ertragsmaximierung auf Kosten der Tiere die Realität beim Umgang mit Nutztieren ist.«

»Und wie schätzt du die Entwicklung bei den Honigerträgen eines Bienenvolkes ein?« Ich schaue Udo etwas ratlos an. »Ich denke, die Entwicklung wird im Vergleich sehr viel geringer ausfallen. So viel kann in der Imkerei nicht intensiviert und gezüchtet werden, als Wildtiere haben die Bienen schließlich ihren eigenen Rhythmus, da können wir ihnen gar nicht viel aufzwingen. Und Kraftfutter wie den Kühen füttern wir den Bienen ja auch nicht zu. Klar, mit den Styroporbeuten und der Magazinimkerei wird man unterm Strich schon einen höheren Ertrag erzielen als vor fünfzig Jahren. Vielleicht so um die zehn bis fünfzehn Prozent?«

Udo lächelt feinsinnig und nickt. »Ja, das könnte man denken. Tatsächlich aber hat sich in der Bienenhaltung der Ertrag nicht nur verdoppelt, sondern vervier- bis verfünffacht! Vor fünfzig Jahren waren zwischen fünf und zehn Kilogramm der Richtwert bei der Honigernte, während heute Ernten von bis zu vierzig Kilo pro Volk und Jahr keine Seltenheit sind.« Ich schlucke. So drastisch hatte ich mir das nicht vorgestellt. Aber die Entwicklung zeigt zweifellos, dass auch die Imkerei mittlerweile massiv auf Ertrag und kurzfristige Gewinnmaximierung ausgelegt ist. Umso drängender stellt sich für mich die Frage, ob wir die Imkerei in diese Richtung weitertreiben sollten. Liegt in dem ständigen Wachstumsstreben vielleicht auch der Grund für die Bienenkrise?

Ich schaue Udo an und sage: »Ganz ehrlich, ich denke, wir müssen uns allmählich entscheiden, ob wir mit oder gegen die Natur arbeiten wollen. Sonst geht das nicht mehr lange gut! Wir müssen unsere Haltung gegenüber den Bienen überdenken und nachhaltiger handeln – die Zeiten, in denen wir Imker*innen uns im Sommer stolz über den Ertrag unserer Völker austauschen und uns dabei mit Kilo-Angaben übertreffen, sind vorbei. Es kann nicht mehr nur um unsere ökonomischen Interessen gehen, wie wir das absolute Maximum aus einem Volk herausholen. Imker*innen eint doch die Leidenschaft für die Natur, also müssen gerade wir vorangehen und Vorbilder sein. Wenn wir unseren Kindern eine intakte Natur hinterlassen wollen, dann stehen wir ihnen gegenüber in der Verantwortung, nachhaltig zu imkern und uns stärker nach den natürlichen Bedürfnissen der Bienen zu richten. Und dabei sind Holzbeuten und das Belassen des eigenen Honigs im Volk als Wintervorrat nur die allerersten Schritte!«

Udo nickt mir zu. »Stephanie, wenn ich etwas gelernt habe, dann ist es die Tatsache, dass das einzig Beständige im Leben die Veränderung ist. Und wenn die Natur einer stetigen Wandlung unterworfen ist – warum also nicht auch die Tätigkeit von uns Imker*innen? Und seit dem ersten Tag, an dem wir uns kennengelernt haben, habe ich nicht den Eindruck, dass du dich in deiner Meinung beirren lässt oder Dinge nicht umkrempelst, nur weil sie schon immer so gemacht wurden.«

Ich lächele. »Danke, Udo. Fürs Zuhören. Und Reden. Mir geht's schon viel besser. Und jetzt lass uns noch ein paar Äpfel pflücken, Merle und Neele möchten am Wochenende einen Apfelkuchen backen. Und Tove und du, ihr mögt die kleinen rotbackigen Äpfel von dem knorrigen Baum dort hinten doch besonders gern, oder?«

Udo klopft mir sanft auf die Schulter und rutscht langsam von der Bienenbeute, auf der er gesessen hat, herunter. »Nicht dafür. So machen wir das. Und richte deinen Mädchen aus, dass ihr Kuchen, den du letztes Mal mitgebracht hast, ganz hervorragend war!«

Die Honigbiene – ein Indikator für ein funktionierendes Ökosystem

»Tjard, würdest du bitte Teller und Kuchengabeln decken? Eva kommt gleich auf einen Sprung vorbei, und Klaas holt gerade den Kuchen aus dem Ofen.« Überraschend eilfertig und flink schlüpft Tjard durch die Terrassentür ins Haus, während ich mich mit Neele und Merle weiter abmühe, die gestreifte Leinendecke zu bändigen, die gerade jetzt von einer Windböe ergriffen und nur von den schweren Wassergläsern auf dem Tisch gehalten wird. Wenige Augenblicke später balanciert Klaas eine große Kuchenplatte mit aufeinandergestapelten Streuselkuchenstücken aus der Küche zum Gartentisch, während Tjard ihm mit einer großen Schale Schlagsahne, einem verdächtigen weißen Klecks auf der Nase und hoch konzentriertem Blick folgt.

Im gleichen Augenblick biegt Evas Hund Nemo freudig wedelnd um die Ecke und begrüßt Tjard stürmisch.

»Hallo Eva, das passt ja perfekt, setzt dich doch schon mal!«, rufe ich ihr zu, bis ich meinen Blick von der widerspenstigen Decke abwende, mich aufrichte und bemerke, dass Eva direkt vor meiner Nase mit den Lübecker Nachrichten herumwedelt.

»Habt ihr in der Zeitung schon den Bericht über das Insektensterben gelesen? Achtzig Prozent aller Insekten sind im vergangenen Vierteljahrhundert in Deutschland verschwunden, so eine Studie Krefelder Insektenforscher. Und es geht noch weiter: Diesen dramatischen Verlust an Biodiversität untermauern weitere Studien: Vierzig Prozent der Insektenarten weltweit zeigen einen deutlichen Rückgang, ein Drittel der Arten ist vom Aussterben bedroht. Und weiter: Nimmt die Insektenmasse weiterhin jährlich um 2,5 Prozent ab, könnte diese artenreichste Klasse der Tiere in einem Jahrhundert verschwunden sein. Unfassbar, das war mir in diesen Dimensionen gar nicht bewusst, euch etwa?«

Ich schüttle den Kopf. »Nein, nicht in diesem Umfang. Das ist schon heftig.«

»Überrascht mich ehrlich gesagt auch. Dass die Insekten zunehmend bedroht sind, ist uns allen ja klar, aber so dramatisch schien es mir bislang nicht zu sein«, klinkt Klaas sich in das Gespräch ein.

»Wir haben gerade einen Tee aufgegossen, möchtest du auch einen?«, frage ich Eva und reiche ihr ein Polster für den Gartenstuhl.

»Gern. Na ja, ich habe ja schon den Eindruck, dass das Insektensterben stärker in den Fokus rückt, aber lange noch nicht genug. Bienen haben derzeit ja eine echte Lobby, und vielen Menschen wird bewusst, wie wichtig Bienen für unser Ökosystem sind. Klar, geht es der Honigbiene gut, dann geht es auch allen anderen Insekten gut, und die Natur ist im Einklang. Davon kann jedoch derzeit nicht die Rede sein.« Eva trinkt einen Schluck heißen Tee und lehnt sich zurück.

»Nicht wirklich, da hast du recht. Ich glaube, Bienen faszinieren uns Menschen einfach so sehr, da sie ein verlässlicher Indikator für den Zustand unserer Natur sind. Und wenn immer mehr Insekten verschwinden und Honigbienen gefährdet sind, ist das ein klares Alarmsignal, dass unser gesamtes Ökosystem in eine Schieflage gerät«, stimme ich ihr zu.

»Aber warum ändert man es denn dann nicht? Das ist doch furchtbar, wenn wir die Welt so zerstören, dass irgendwann keine Insekten mehr auf ihr leben können!«, bemerkt Merle, die unser Gespräch verfolgt hat, entrüstet.

»Vermutlich muss es tatsächlich erst so weit kommen, dass wir den Rückgang der Insekten deutlich bemerken, bis ein Sinneswandel einsetzt. Denn der größte Treiber des Insektensterbens ist ja schon lange bekannt: der zunehmende Verlust von Lebensraum durch intensive Landwirtschaft und der Einsatz von Pestiziden«, versuche ich zu erklären.

»Das liegt aber auch daran, dass diese Entwicklung politisch gewollt und über Agrarsubventionen gesteuert wird, gefördert werden bislang vor allem Masse und Fläche«, wirft Klaas ein.

Ich nicke zustimmend. »Indirekt entscheiden wir selbst aber auch bei allen Lebensmitteln, die wir in unseren Einkaufskorb legen, darüber, welche Landwirtschaft gefördert wird. Wenn man so will, ist unser Kassenbon unser Stimmzettel. Und es ist klar, wer die Insekten retten will, muss bereit sein, mehr Geld für Lebensmittel zu zahlen, weil eine Landwirtschaft, die die

Artenvielfalt erhält, ihren Preis hat. Wir müssen nicht nur darüber reden, wie wichtig gute Lebensmittel sind, sondern auch bei nachhaltig angebauten, regional produzierten Produkten zugreifen.«

»Würden wir mehr über den Umgang mit Nutztieren und den Weg der Pflanzen von der Aussaat über das Wachsen bis hin zur Ernte wissen, dann würden wir sicherlich viel mehr Sorge dafür tragen, dass wir diesen Kreislauf und die Grundlage unseres Daseins nicht leichtfertig zerstören. Das Verrückte ist, dass wir in einer vernetzten Welt leben und überzeugt sind, dass wir über alles gut informiert sind. Gerade in der Schule erlebe ich aber täglich, wie wenig Kinder und Erwachsene heute überhaupt noch darüber wissen, was wir Tag für Tag essen und trinken. Milch kommt für die meisten aus der Tüte und Honig aus der Quetschflasche.« Eva blickt in die Runde.

Ich greife ihren Ansatz auf: »Ich denke auch, dass die größte Herausforderung darin liegt, den Umgang zwischen Umwelt und Mensch wieder in ein gesundes Gleichgewicht zu bringen, um nachhaltig und achtsam mit unseren Ressourcen umzugehen. Landwirte brauchen finanzielle Anreize, um ökologisch aktiv zu werden, denn nur eine kleinräumig arbeitende Landwirtschaft, die auf die Anpflanzung sinnvoller Fruchtfolgen setzt, fördert die Artenvielfalt und braucht keine Pestizide.«

»Was bewirken denn Pestizide konkret bei Insekten, dass es sie so schädigt?«, fragt Neele, und ihre Stimme klingt alarmiert.

»Also, der flächendeckende Einsatz von Pestiziden wirkt teilweise unmittelbar auf wild blühende Pflanzen und damit direkt auf viele Insekten. Bei den Bienen bewirken Nervengifte wie Neonicotinoide Orientierungslosigkeit – sie finden einfach nicht mehr zu ihrem Stock zurück. Und es gibt Hinweise darauf, dass viele wild lebende Insekten auf Pestizide noch empfindlicher reagieren als Honigbienen, da bei ihnen Störungen des Paarungsverhaltens und der Fortpflanzungsfähigkeit nachgewiesen wurden«, erklärt Eva.

»Das ist ja katastrophal!« Neele blickt uns entsetzt an.

»Da hast du leider nicht ganz unrecht, Neele.« Klaas lässt einen neuen Kandis in seine Teetasse gleiten, gießt frischen Tee dazu, und wir lauschen kurz dem sanften Knistern, während Neele sich noch etwas näher an Klaas schmiegt. »Dieser Verlust von Artenvielfalt trifft uns alle vermutlich tiefer, als wir es uns derzeit vorstellen können. Neben den Auswirkungen des Klimawandels und der Erderwärmung wird auch der Schutz der Biodiversität für die Zukunft der Erde und uns Menschen entscheidend sein. So wie bisher geht es nicht einfach weiter, denn mit unserem stetigen Wachstumsstreben verbrauchen wir die natürlichen Ressourcen in einer Geschwindigkeit, die über die Fähigkeit der Erde zur Selbsterneuerung hinausgeht.«

Neele nickt zustimmend: »Am besten wäre jetzt sofort ein weltweites Abkommen für Klimaschutz und den Erhalt von Biodiversität.«

Ich trinke noch einen Schluck Tee und denke kurz nach. »Da hast du vermutlich recht. Denn wenn die Temperaturen auf der Erde weiter steigen und immer mehr natürlicher Lebensraum verschwindet, werden wir die Konsequenzen stärker und ganz unmittelbar im alltäglichen Leben zu spüren bekommen, weil auch neue Pandemien unausweichlich werden. Ich habe gerade einen Artikel über den Ebola-Ausbruch in Afrika gelesen, und diese Analyse legt nahe, welche Auswirkungen es haben kann, wenn wir den Lebensraum der Tiere nicht schützen, sondern stattdessen zerstören. Kurz vor dem Ausbruch der Krankheit waren etwa achtzig Prozent des Waldes rund um den Ort des Ausbruchs gerodet worden, die Tierwelt war deshalb immer näher an die menschlichen Siedlungen herangerückt und eine Übertragung des Virus vom Tier auf den Menschen so erst möglich geworden. Wir brauchen eine intakte Natur also nicht nur, weil sich das ethisch gut anfühlt und besser ist. Wir brauchen sie schlicht und einfach, weil wir sonst unsere Existenzgrundlage selbst zerstören!«

»Hat irgendjemand von euch in der letzten Viertelstunde vielleicht Tjard oder Nemo gesehen?«, unterbricht mich Merle plötzlich in meinem Redeschwang.

In der plötzlichen Stille hören wir ein zufriedenes Mampfen unter dem Tisch. Langsam hebe ich die Tischdecke und blicke in Tjards glückliches Gesicht und zu Nemo, der sich mit seiner Zunge über das Maul leckt. Vor ihnen stehen die sorgsam ausgeschleckte Sahneschüssel und die geplünderte Kuchenplatte, auf der verloren noch ein paar Krümel liegen.

Den Wert des Essens neu schätzen lernen

Lebensmittel sind heutzutage für viele Menschen ziemlich losgelöst von ihrer Entstehung. Kinder essen meist im Kindergarten oder in der Schulmensa, im Büroalltag wird in der Kantine gegessen. Brot wird meist schon geschnitten beim Bäcker oder abgepackt aus dem Regal, Marmelade im Glas und Schinken in der Plastikverpackung gekauft. Wo unsere Lebensmittel herkommen und wie sie hergestellt werden? Das wissen wir meist gar nicht mehr. Wie wird das Korn zum Brot, die Himbeere zum Fruchtaufstrich oder das Tier zum Schinken?

Davon haben wir uns weit entfernt und möchten es oftmals auch gar nicht so genau wissen.

Zudem haben Lebensmittel für uns oftmals keinen wirklichen Wert mehr, und Tiere werden von unserer Gesellschaft eher als Wegwerfware denn als Mitgeschöpfe behandelt. Wenn ein Suppenhuhn für weniger als einen Euro verkauft wird, ist das nur noch als zynisches, ignorantes wie grausames Verhältnis gegenüber dem Tier zu bezeichnen. Es ist der Irrsinn wohlhabender Gesellschaften, dass für Statussymbole wie Autos, Immobilien oder Urlaube viel Geld ausgegeben, aber an guten Lebensmitteln und Genuss gespart wird.

Die Deutschen geben zwar mehr Geld für ihre Küche aus als je zuvor – doch kaum jemand hat Zeit zum Kochen. Wie passt das zusammen? Wir stellen uns, ohne mit der Wimper zu zucken, teure Geräte in die Küche, weil wir uns vom Prozess des Kochens schon so weit entfernt haben, dass uns die Sinnlichkeit des Kochens und Backens nicht mehr erreicht – interessieren uns aber nicht die Spur für die Qualität und Herstellungsbedingungen der Lebensmittel, die wir essen.

Industrienationen wie die USA, Singapur, Großbritannien und die Schweiz geben am wenigsten für Essen aus, und auch Deutschland liegt deutlich in diesem unteren Feld der Statistik.[3] Es ist absurd: Je höher das Bruttoinlandsprodukt beziehungsweise die monatlichen Einnahmen sind, desto geringer sind die Ausgaben für Nahrungsmittel. Und genau aus diesem Grund müssen Tiere leiden, da sich natürlich auch in der Tierhaltung alles um Ertragsmaximierung dreht. Aber was

---

3 Vgl. Statistisches Bundesamt: *Konsumausgaben privater Haushalte: Nahrungsmittel*. Erhebung, 2018.

dem Tier nicht guttut, das kann auch dem Menschen, der sich davon ernährt, nicht guttun.

Es ist oftmals nicht die Zeit, die uns daran hindert, gut zu kochen und eine Esskultur zu leben, sondern viele Menschen trauen sich Kochen und Backen nicht mehr zu und greifen zu Fertigprodukten, mit denen die Lebensmittelindustrie uns unkomplizierten Genuss verspricht. Im Gegensatz zu den Food-Analphabeten gibt es aber auch das andere Extrem: Menschen, die liebevolle Namen für ihre Sauerteigkultur erfinden und als begeisterte Foodies das eigene Brot als Inbegriff von Sinnlichkeit und Genuss geradezu zelebrieren. Wir sehen an diesen Extremen am Esstisch und in der Esskultur auch die zunehmende Diversität unserer Gesellschaft und die größer werdenden Gräben zwischen arm und reich, zwischen gebildet und weniger gebildet. Denn mit dem, was täglich auf unserem Tisch steht, zementieren wir auch Bildungschancen. Gerade Kinder, die mit billigen Lebensmitteln und industriellen Fertigprodukten groß werden, haben auf ihrem Bildungsweg schlichtweg weniger Chancen und werden schneller abgehängt. Leistungs- und Konzentrationsfähigkeit haben zu einem großen Teil damit zu tun, dass man sich die Zeit nimmt und mit einem guten Frühstück in den Tag startet.

Wenn wir eine bildungsgerechte Gesellschaft wollen, dann müssen wir der Ernährung in unserem Alltag einen größeren Stellenwert zukommen lassen und dieses Thema auf die politische Agenda setzen. Stattdessen fördern wir eine Lebensmittelindustrie, die im Zuckerrausch ist und auf Massentierhaltung setzt.

Kornblumen statt Geranien, Grün statt Kies

Die Verantwortung für unsere Umwelt beginnt direkt vor unserer Haustür: Wie gestalten wir selbst unsere Balkone, Vorgärten und Gärten? Fahre ich durch unsere Kleinstadt, dominieren Rasen, Kirschlorbeer und Kieselsteine. Und das nicht nur bei älteren Menschen, die ihre großen Gärten kräftemäßig nicht mehr bewirtschaften können. Im Gegenteil, gerade dort entdeckt man noch liebevoll gepflegte Blumenbeete und zahlreiche Blühpflanzen. Aber es gibt auch einiges an Selbstbetrug, was wir uns im Garten leisten. Im März freue ich mich auf den ersten Blick, wenn ich nach dem tristen Winter in den Parks den knallgelben Frühlingsboten Forsythie erblicke, der wunderschöne Ostersträuße abgibt. Doch als Nahrungsquelle für Insekten bieten sie leider nichts. Sie bilden weder Pollen noch Nektar und sind für Bienen damit völlig wertlos, eine gelbe Blütenmogelpackung. Ähnlich sieht es mit überzüchteten Geranien oder Dahlien aus.

Nur auf die großen Agrarflächen zu schimpfen ist recht einfach, wir müssen auch schauen, wie jeder sich im Kleinen um Nachhaltigkeit sorgt. Zur ganzen Wahrheit gehört auch die Tatsache, dass wir mit jeder Blühfläche, die wir mit Steinen zukippen oder zupflastern, sowie jeder Rasensteppe Schmetterlingen, Hummeln und Wildbienen die Lebensgrundlage rauben. Es wird sie schlichtweg nicht mehr geben, wenn wir ihren Lebensraum systematisch zerstören. Was wir brauchen, sind mehr blühende Blumen und mehr Unkraut!

Ich bin überzeugt, dass es sich lohnt, für einen anderen Weg zu kämpfen. Um unseren Kindern eine Welt zu hinterlassen, die in Balance ist, und ihnen so eine Haltung dem Leben gegenüber mitzugeben, die nicht von permanentem Wachstum und kurzfristigem Konsum geprägt ist.

Und es ist am Ende das simple, aber seit Millionen von Jahren erfolgreiche Prinzip eines Bienenstocks: Wenn jeder von uns seinen kleinen Anteil dazu beiträgt, dass unser Leben nachhaltiger wird, können wir am Ende gemeinsam eine große Richtungsänderung schaffen. Diesen Ansatz beharrlich zu verfolgen, es zumindest immer wieder zu versuchen, schulden wir den Bienen – unserem größten Vorbild für ein erfolgreiches, entspanntes und nachhaltiges Zusammenleben.

DAS BIENENJAHR VERKLINGT

Wie mich die Imkerei verändert hat und mich das Eingebundensein in
den Kreislauf der Bienen ruhiger und zufriedener macht

Bei einem der Völker auf der Apfelwiese habe ich schon seit
einiger Zeit bemerkt, dass es nicht im Gleichgewicht ist. Allein schon beim Beobachten des Flugloches ist offensichtlich,
dass dieses Volk viel schwächer wirkt und keinen Pollen mehr
einträgt. Aufgrund des miserablen Wetters habe ich es bislang
jedoch ein ums andere Mal verschoben, mir ein konkretes Bild
von dem Bienenvolk zu verschaffen. Auch Udo macht sich so
seine Gedanken, als wir die Bienenbeuten zum Abschluss des
Jahres betrachten. »Also, was denkst du über dieses Volk?«,
fragt er mich schließlich prüfend.

»Kein Polleneintrag – keine Brut. Klares Indiz, dass die
Königin nicht mehr stiftet. Vielleicht ist sie auch gar nicht
mehr im Volk und das Volk damit weisellos. Lass uns einen
Blick hineinwerfen, dann haben wir Gewissheit.« Udo nickt
zustimmend.

Wir werfen unsere Schleier über und öffnen die Beute. Dass
wir an unserer Schutzmaßnahme gutgetan haben, wird schnell
klar, denn unvermittelt fliegt uns eine Handvoll Bienen an.
Und beim Herausziehen der ersten Rähmchen sehen wir auch
direkt, warum sie in Angriffsstimmung sind. Das Brutnest ist
verkümmert, die Bienen wirken alt und erschöpft, und auf der
Wabe sehen wir nur die großäugigen Drohnen herumkrabbeln.
Sie verteidigen verbissen und treu ihr unwiderruflich dem Tod
geweihtes Volk. Udo schaut mich an.

»Und, was siehst du?« Ich schlucke. Das Volk ist drohnen-brütig, daran gibt es keinen Zweifel.

Udo nickt. »Wenn die Königin stirbt und keine junge König-in da ist, dann fangen die Arbeiterinnen an, Eier zu legen. Da sie nur unbefruchtete Eier legen können, aus denen Drohnen entstehen, nennen wir die Arbeiterinnen Drohnenmütterchen. Wenn du die restlichen Bienen noch retten willst, dann soll-ten wir jetzt mal den Smoker anwerfen. Die Damen füllen ihre Mägen mit Honig, und wir fegen sie einige Meter abseits von der Beute ab. Die Drohnenmütterchen können nicht fliegen und verenden im Gras, aber die anderen haben die Möglich-keit, sich mit ihren vollen Honigmägen bei den anderen Völ-kern einzubetteln.«

Gesagt, getan. Manchmal gilt es zu retten, was zu retten ist, und den Bienen zu helfen, denen man noch helfen kann.

Tapfere Winterbienen

Wenn sich das Bienenjahr dem Ende zuneigt, werde ich jedes Mal wehmütig. Ein letztes Mal entzünde ich den Smoker und öffne die Bienenstöcke. Alle Vorbereitungen für den Winter und die ersten vorbereitenden Handgriffe für die Frühjahrs-durchschau habe ich in den vergangenen Wochen sorgsam ge-troffen, um mich herum summt es sanft, und die Bienen schei-nen keine Anzeichen von Schwäche zu zeigen.

Der Rauch des Smokers kriecht langsam zwischen die Waben, und die Bienen ziehen sich zurück. Nun nehme ich den Deckel ganz ab. Es summt herrlich, und der wunderbare Duft des Bienenstockes steigt mir ein letztes Mal für dieses Jahr in die Nase. Ich ziehe einige Waben, entdecke mit etwas Glück die

Königin – und weiß, alles ist in bester Ordnung. Ich schließe den Bienenstock – bis zum Frühjahr. Eine unendlich lange Zeit.

Nur ein einziges Mal werde ich noch einen Blick hineinwerfen dürfen – kurz vor Weihnachten sind die Völker in unseren Breiten wenige Wochen nach dem ersten Frost meist brutfrei und können abschließend gegen die Varroamilbe behandelt werden. Eng zu einer Bienentraube zusammengekuschelt sitzen die Bienen dann zusammen, meist unter dem Futtervorrat für den langen Winter, also zwischen dem ersten und zweiten Brutraum. Sie sind kaum zu sehen, wenn ich vorsichtig den Deckel hebe. Gut geschützt in ihrer Mitte ist die Königin. Wo sie sitzt, ist es am wärmsten, die Bienen heizen die Kugel auf etwa 18 Grad. Das ist nur etwa die Hälfte der üblichen 35 Grad, dennoch ist es warm genug für die Winterbienen. Die außen sitzenden Bienen zirkulieren in einem stillen Rhythmus immer wieder langsam ins Innere, um sich aufzuwärmen.

Die einzige Aufgabe der Winterbienen ist es, die Königin gut und sicher durch den kalten Winter zu bringen. Ganz anders als die Sommerbienen, die sich in wenigen Wochen völlig verausgaben, hängen die Winterbienen mehrere Monate im Stock ab, schlürfen Honig, wärmen einander und faulenzen. Einzig das Nichtstun dehnt ihre Lebensspanne so sehr aus, dass sie bis ins Frühjahr hinein jugendlich bleiben. Und dann, wenn die Temperaturen steigen und das Leben wieder erwacht, vollziehen einige der alten Winterbienen einen eindrucksvollen Sprung auf der Bienen-Karriereleiter zurück. Denn irgendjemand muss ja die Aufgabe der üblicherweise nur wenige Tage alten Ammenbienen übernehmen, wenn die Königin wieder beginnt, Eier zu stiften.

Bei den kühlen Temperaturen muss alles schnell gehen, um nicht zu viel Ungleichgewicht ins Volk zu bringen, wenn sich die Stocktemperatur ändert. Also träufele ich flink die Oxalsäure mit einer Spritze in die Wabengassen, und nach wenigen Sekunden ist schon alles erledigt. Nun muss ich warten, bis Ende März die erste kurze Frühjahrsdurchschau ansteht. So sehr mich der Bienenstand im Sommer anzieht und mein Lieblingsplatz ist, im Winter ist es ein unwirtlicher, trauriger Ort. Einige tote Bienen liegen vor den Fluglöchern, und das Summen der Bienentraube ist nur mit geübtem Ohr von außen zu hören. So ist dieser kurze Blick in das Bienenvolk am Ende des Jahres etwas ganz Besonderes. Noch mehr als bereits im Spätsommer und Herbst fühlt man sich als ein unliebsamer Gast.

Die Restentmilbung im Winter ist jedoch ein absolut notwendiger Eingriff, um die Milbenzahl niedrig und die Vermehrungszahl gering zu halten. Die Milben, die über die Wintermonate an den Bienen haften, leben dort zwei bis drei Monate – also in etwa so lang wie die Brutpause der Honigbiene. Die Winterbienen müssen fast den gesamten Winter durchhalten, Ende Januar geht ihre Lebenszeit allmählich zu Ende.

Geht man an einem kalten Januartag aufmerksam durch die Natur, ist bereits ein sanfter Anklang des nahenden Frühjahrs zu vernehmen. Die ersten Trachtpflanzen des neuen Jahres erwachen zu dieser Zeit zum Leben: Haselnuss, Winterlinge und Christrose sind die Pflanzen des Januars. Noch sind es wenige Blüten, aber die Richtung weist aufwärts, auch wenn einem der Frühling an dunklen Januartagen noch unwirklich fern erscheint. Aber die Bienen ahnen bereits: Lange dauert es nicht mehr. Die erste Generation der Sommerbienen schlüpft nun bald. Die Bienen beginnen, einzelne kleine Bereiche auf den besetzten Waben auf eine Bruttemperatur von etwa 36 Grad aufzuheizen, sodass die Königin dort die ersten Eier legen kann.

Auch wenn im Januar und Februar eisige Stürme über die Bienenbeuten fegen – mit der Wintersonnenwende am 21. Dezember entwickelt sich das Bienenvolk bereits wieder in Richtung Frühjahr. Im Januar wird die Königin beginnen, Eier zu legen – auch wenn noch dunkle Wochen und Monate im Bienenstock vor dem Bienenvolk liegen. In diesen Wochen ist die Zeit, in der die Bienenvölker durch die gravierenden Temperaturunterschiede zwischen draußen und drinnen den höchsten Energiebedarf haben und gerade starke Völker, deren Königin im Vorfrühjahr schnell in die Eiablage geht, den meisten Honig verbrauchen. Hier zeigt sich, ob die Völker genügend Vorräte haben, denn ein alter Imkerspruch besagt, dass schon viele Völker im Frühjahr verhungert sind, aber noch keines im Winter erfroren.

Einige Völker habe ich im Herbst zusammengeführt, um am Stand überall eine gute Volksstärke zu haben. Oftmals sind aber gerade etwas schwächere Völker diejenigen, die mich im nächsten Frühjahr durch ihre Stärke besonders überraschen. Ich verlasse den Bienenstand mit gemischten Gefühlen, blicke zurück – es summt geschäftig. Dieses wunderbare Geräusch werde ich im Winter schmerzlich vermissen ...

Nur ein paarmal werde ich von außen an die Holzbeute klopfen und das tiefe Summen herbeisehnen. Bei dem ein oder anderen Winterspaziergang schaue ich kurz nach dem Rechten, fege vielleicht ein wenig Schnee vor der Beute zur Seite, schaue, dass die Stürme keinen Schaden angerichtet haben, oder prüfe, ob die Beuten nicht von Spechten malträtiert wurden.

Ich spüre, wie die Taktung der Bienen durch die Natur auch immer stärker auf mich abfärbt. Sehe ich bei einem dieser Spaziergänge zum Bienenstand einen blühenden Winterling, kann ich nicht umhin, mir eine Blüte zu pflücken und sie in einem kleinen Becher auf unseren Küchentisch zu stellen. Ganz sanft verströmt der Winterling dann seinen Duft, ein Hauch von Frühling in unserem Haus, und löst auch unsere Winterstarre. Bei all der Kälte und Dunkelheit spüre ich plötzlich die tröstende Zuversicht, dass der Frühling kommen wird. Bald.

Ein neues Bienenjahr beginnt

Im März nutze ich die ersten schönen frühlingshaften Tage, schnappe mir meine Stiefel und mache mich auf den Weg zu meiner Apfelwiese. Es blüht noch nicht viel, zunächst die Haselnuss, dann Weide und Frühblüher wie Krokus. Sie sind wichtig für die Pollenversorgung der Bienen, aber große Massen an Energie liefern sie noch nicht. Die Haselnussblüte ist für mich als Imkerin ein wichtiges Zeichen: Auch wenn der Frühling noch unendlich weit entfernt scheint, ist es nun höchste Zeit, die letzten Vorbereitungen zu treffen. Ich überlege mir, wo es in diesem Jahr mit der Imkerei hingehen soll, wie viele Ableger ich plane und wo die Völker zu welcher Blüte stehen. Zur Trachtzeit ist so viel Arbeit an den Bienen zu erledigen, dass dann keine Ablegerkästen vorbereitet, geschweige denn Hunderte Rähmchen mit Mittelwänden versehen werden können.

Jetzt, in der ersten Frühlingssonne, werden meine Schritte schneller und schneller, wenn ich zu meinem Bienenstand gehe. Werde ich erste Bienen am Flugloch erspähen? Die

Temperaturen um zwölf Grad reichen gerade aus, um die ersten Bienen ins Freie zu locken.

Unruhe überkommt mich, ich frage mich, wie die Völker den Winter überstanden haben. Habe ich im Sommer den Bienen genug Futter gelassen und ausreichend eingefüttert? War die Milbenbelastung im Winter nicht zu groß? Konnten die Bienen trotz des zunehmenden Schwundes an unterschiedlichen Blühpflanzen im vergangenen Sommer ausreichend Pollen einlagern, der nun dringend für die junge Brut gebraucht wird? Muss jetzt noch mit Honig nachgefüttert werden? Störe ich mit einem Eingriff die Ruhe der Bienen? Denn wenn das Volk unruhig wird, führt dies zu einer erhöhten Nahrungsaufnahme; angesichts des kühlen Wetters ist aber noch kein Reinigungsflug möglich, und wenn die Bienen dann im Bienenstock abkoten, kann das ganze Volk krank werden.

Es hilft alles nichts. Ich muss abwarten und ruhig bleiben, erst wenn die Temperaturen warm genug sind, werde ich Gewissheit haben. Ich kann nur kleine pflegende Maßnahmen ergreifen, wenn die Futterreserven nicht mehr bis zur Stachelbeerblüte Mitte April ausreichen und bis die Winterbienen vollständig durch eine neue Generation Sommerbienen ersetzt sein werden.

Wenige Tage später ist es so weit: Die warme Frühlingssonne strahlt auf uns herab, und als ich den Bienenstand nach der langen Winterruhe besuche, ist alles in bester Ordnung: Die Völker haben den Winter gut überlebt, alles summt und rauscht wie am Meer, sanft und leise.

ALLES NEU

Wie die Bienen meinen Blick auf das kleine Glück lenken
und mir zeigen, dass es im Leben darum geht, Veränderungen
anzunehmen und das Beste daraus zu machen

Und dann wirft ein kleines Virus unsere gesamte Lebensplanung um. Corona verändert die Flugbranche schnell und massiv, und die Auswirkungen erreichen auch uns. Was vor wenigen Monaten noch völlig undenkbar schien, wird plötzlich bittere Realität. Die Fluggesellschaften kämpfen in der Coronakrise um ihr wirtschaftliches Überleben, und das Flugpersonal wird weltweit radikal gekündigt. Viele unserer Freund*innen verlieren in diesen Monaten ihre Jobs. Klaas hat Glück im Unglück – er bleibt an Bord, aber seine Station wird geschlossen und er versetzt. Fassungslos sitzen wir am Küchentisch. Klaas füllt niedergeschlagen erst langsam mein, schließlich auch sein Weinglas.

»München, Stuttgart, Frankfurt oder Düsseldorf. Das sind die Stationen, auf die ich mich bewerben kann. Ganz ehrlich, ich habe absolut keine Ahnung, was es werden wird«, sagt Klaas ratlos und sichtlich erschöpft. Die Auswirkung der Pandemie auf die Flugbranche macht ihm seit Monaten sichtlich zu schaffen. Mit dieser Versetzung und den damit verbundenen Veränderungen in unserem Leben sind wir nun offensichtlich am Tiefpunkt angelangt.

Mich erfasst diese Auswirkung der Entwicklungen der vergangenen Monate erst jetzt mit voller Wucht. Offenbar habe ich bislang erfolgreich versucht, die Konsequenzen der Krise für Klaas' Job auszublenden, und bin jeden Abend einfach nur völlig erschöpft in unser Bett gesunken, erleichtert, das tagtägliche Homeschooling mit drei Kindern lebend hinter mich gebracht zu haben.

Die vier Städtenamen rauschen in meinem Kopf. Das alles ist so unfassbar unwirklich. Klar bin ich offen für Veränderungen. Wenn ich irgendetwas von meinen Bienen gelernt habe, dann die Bereitschaft und Offenheit für Veränderungen im Leben. Aber nun spüre ich, dass ich damit an meine Grenzen stoße und offenbar nur bedingt bereit für Neues bin. Der angekündigte Umbruch in Hinblick auf unseren Lebensmittelpunkt mit seinen gravierenden Konsequenzen fordert mehr Flexibilität, als ich es mir momentan vorstellen kann.

Nach all den Wendungen der vergangenen Jahre genieße ich es gerade sehr, dass unser Leben in ruhigeren Bahnen verläuft. Zumindest so lang, wie unsere Kinder noch zur Schule gehen. Zudem finde ich, dass zwanzig Umzüge für Job und Studium schon ziemlich viel sind an Flexibilität und Offenheit für Neues. Positive Haltung zu Veränderungen hin oder her. Und dann ist da ja auch unser Häuschen, in das wir in den vergangenen zehn Jahren so viel Energie und Liebe gesteckt haben. Es gibt sicherlich schickere Häuser, aber jeder Winkel dieses alten Hauses atmet unsere Geschichte und steckt voller Liebe. In diesem Haus haben wir Wände eingerissen, jeden einzelnen Keramik-Drehschalter selbst eingebaut und eisern gespart, um unseren Traum von einer alten Gusseisen-Badewanne auf Löwenfüßen zu realisieren. Ich hatte die alten Dielenböden abgeschliffen, auf denen unsere Kinder ihre ersten zaghaften Schritte getan haben. Und gerade erst haben wir den Weg zu unserem Haus mit alten niederländischen Tonziegeln verlegt, nach denen ich jahrelang gesucht hatte. Und Klaas hat unter beständigem Fluchen die schiefen Wände unserer Küche mit den von mir herbeigesehnten skandinavisch anmutenden Holzpaneelen verkleidet. Das Haus war über all die Jahre so sehr zu unserem geworden. Undenkbar, das alles loszulassen. Es konnte einfach alles nicht wahr sein.

»Das ist doch der totale Wahnsinn! Wie soll das funktionieren, Klaas? Die Zwillinge haben gerade auf dem Gymnasium angefangen, und Tjard ist eben erst eingeschult, die fühlen sich alle pudelwohl in ihren neuen Klassen. Gar nicht zu reden von unseren Freund*innen, dem Ruderverein, Klavierlehrer, Kinderarzt, Hausarzt und Zahnarzt, ganz ehrlich – bis wir als Familie nach einem Umzug wieder in einigermaßen ruhiges Fahrwasser kommen, dauert es mindestens zwei Jahre!«

Klaas schaut mich traurig und resigniert an. Ich schlucke. Zum ersten Mal haben wir keinen Plan. Kein wirkliches Ziel. Ich habe das Gefühl, als sei ich von allen Seiten von Wackelpudding umgeben. Und plötzlich wird mir etwas klar. Es geht nicht um Veränderungen, die man selbst anstrebt. Den Umzug in eine andere Stadt, weil sie neue Möglichkeiten eröffnet. Den Wechsel in einen neuen Job, weil man die nächste Stufe erklimmen möchte. Das ist fordernd und anstrengend, aber dafür hat man sich selbst ein klares Ziel gesetzt. Es geht um das, was einem das Leben an Unwegsamkeiten auftischt und womit man klarkommen muss. Die Entscheidungen im Leben, die man nicht selbst anstrebt. Eine Liebe, die beendet wird. Oder ein Job, aus dem man herauskomplimentiert wird. Eine Krankheit, die Veränderungen notwendig macht. Genau in diesen Momenten geht es darum, die Veränderung anzunehmen. Und das Beste für sein Leben daraus zu machen. Auch die Bienen werden nicht gefragt, ob sie die Veränderungen möchten. Sie nehmen die neue Situation schlicht an und machen einfach die bestmögliche Version aus dem, was das Leben ihnen bietet.

Wir müssen unseren Kopf freibekommen – am besten an unserem einsamen, wilden Lieblingsstrand. Wir laufen barfuß und schweigend den Strand entlang. Der Himmel ändert seine Farbe allmählich von einem hellen Blau zu einem schweren Grau. Der Wind weht uns spürbar ins Gesicht. Es wird zunehmend ungemütlicher und kühler, sodass ich meinen Wollmantel noch ein wenig enger um mich ziehe. Aber mit jedem Schritt ordnen sich meine Gedanken. Der Sturm in meinem Kopf legt sich. Ich werde ruhiger, und mein Herzschlag beruhigt sich.

Einatmen.

Das Salz auf den Lippen schmecken.

Ausatmen.

Den Wind im Gesicht spüren.

Einatmen.

Die Brandung und die perlende Gischt betrachten.

Der Blick auf die aufgewühlte Ostsee ordnet meine Gedanken. Auch jetzt. Nein, gerade jetzt.

»Ganz ehrlich, Klaas, wir müssen eine Linie für uns finden. Den Weg, den wir einschlagen wollen. Einschlagen müssen. Einfach die Richtung festlegen, wie es für uns weitergeht. Und wie wir glücklich bleiben. Das geht nur, wenn wir radikal aufrichtig mit uns sind. Es bringt nichts, wenn wir uns hinter Halbwahrheiten verstecken und in einem halben Jahr feststellen, dass wir damit nicht leben können. All dies hier ist das, was mich glücklich macht. Wie ich es am liebsten für immer behalten möchte. Du. Ihr. Meine Bienen. Die Ostsee. Unser kleines Häuschen, die alten knorrigen Bäume im Garten. Und ganz klar ist, dass ich nicht noch einmal neu anfangen möchte. Aber ganz ehrlich, wenn ich mich entscheiden muss, dann würde ich nicht zweimal überlegen. Ich kann mir vorstellen, mit euch überall hinzugehen. Aber hier an unserem Sehnsuchtsort auf einen von euch zu verzichten, das wäre undenkbar für mich. Wenn es hart auf hart kommt, ist ganz klar, was mein Sehnsuchtsort ist: unsere Familie. Das Gefühl, wenn wir zusammen sind. Das, was uns durch jeden Sturm trägt. Auch wenn ich die Entscheidung von mir aus niemals getroffen hätte – ich kann alles andere loslassen. Das Haus. Die Ostseeküste. Wenn es sein müsste, auch meine Bienen. Und irgendwo anders neu anfangen. Mit euch.«

Manchmal gibt es einfach nichts mehr zu sagen. Kein Wort, was sich in dem Moment richtig anfühlt. Ich spüre, wie Klaas sanft meine Hand drückt. Mich zu sich zieht. Ich drücke mein Gesicht an sein Kinn, spüre die Kühle seines Hemdes und atme seinen herben Geruch ein. Genieße das einzigartige, klare, unverrückbare Gefühl zwischen uns. Und weiß, solang wir zusammen sind, werden wir unsere Koordinaten, die uns glücklich machen, nicht verlieren. Wir wissen, wir werden unseren Weg finden. Auch wenn wir nicht den Ansatz einer Idee haben, wie er aussehen wird. Aber wir sind jetzt bereit, loszulassen. Und wir wissen, unser Leben ist gut. Zusammen.

NACHWORT

There's a crack in everything.
That's how the light gets in.
Leonard Cohen

Nach all diesen Entwicklungen und Wendungen in meinem Leben bin ich heute unschlagbar darin geworden, zu vertrauen, mich fallen zu lassen und daran zu glauben, dass sich alles fügen wird. Hinter mir liegen lange Jahre in der Großstadt und in einem Job, in dem ich glaubte, dass alles nach einem klaren Plan funktionieren muss. Heute stecke ich mitten in meinem wunderbaren Leben an der Ostseeküste mit meiner Familie und meiner Imkerei. Ein Leben, das wir nach unseren Wünschen gestrickt haben. Was vor uns liegt? Neuland. Noch ohne einen klaren Plan. Definitiv mit meiner Imkerei, aber wo es uns hin verschlägt? Alles ist möglich. Aber unser bisheriger Weg und meine Bienen haben uns offen gemacht. Für alles, was kommen wird.

Offen gegenüber Neuem zu sein, die Schönheit in den kleinen Wundern der Natur zu sehen und genießen zu können – darin liegt für mich die Kunst, glücklich zu sein. Und eigentlich geht es genau darum in meinem Buch: Veränderungen als Chance zu sehen und den Mut zu haben, neue Wege zu gehen. Um näher bei sich selbst zu sein.

Wenn ich mich also jetzt in mein zehn Jahre jüngeres Ich zurückversetzen könnte, mit all dem Wissen, wie es laufen wird im Hinterkopf – würde ich irgendetwas anders machen?

Nein. Nichts. Nicht ein klitzekleines bisschen. Auch wenn ich mir manchmal die Haare raufe über die Widrigkeiten meiner Selbstständigkeit. Oder über das Chaos, all dies mit meiner Familie in Einklang zu bringen, auch wenn es die drei tollsten Kinder auf der ganzen Welt sind.

Ich muss nicht von dem unvergleichlichen Gefühl erzählen, einen begeisterten Schmatzer auf die Wange gedrückt zu bekommen, weil man für seine Kinder die tollste und schönste Mama der ganzen Welt ist, und das gerade dann, wenn man verwuschelt und verknittert am Morgen die Augen öffnet. Vom grenzenlosen Vertrauen ineinander und von dem diebischen Spaß, den man mit den Knirpsen veranstalten kann. Im Sommer nachts im Garten zu übernachten, auf dem Rücken liegend begeistert alle Sterne zu zählen und sich leise Geschichten zuzuflüstern, bis einen die Müdigkeit überwältigt und man glücklich die Augen schließt.

Nein, ich möchte nicht eine Millisekunde von meinem jetzigen Leben eintauschen. Die Bienen und unsere Kinder haben mich in so vieler Hinsicht reicher gemacht. Und mein Leben unfassbar bunt, süß, turbulent und fröhlich – und das in einer Geschwindigkeit, die mich selbst manchmal atemlos werden lässt.

Ich möchte mit meiner Geschichte Mut machen, auf das eigene Herz zu hören und Veränderungen als Chance zu sehen. An sich zu glauben und zu wissen, dass ein Bruch im Lebenslauf nicht der Weltuntergang sein wird. Sondern im Gegenteil: die einmalige Chance, dem Ganzen eine neue Richtung zu geben. Und der erste, schwerste Schritt ist schon getan, wenn man erst einmal loslegt. Denn das Schwierigste ist, aus seiner Komfortzone herauszukommen und sich selbst etwas zuzutrauen. Das muss kein überwältigendes Abenteuer wie eine Atlantiküberquerung im Segelboot oder das komplette Umkrempeln des Alltags mit Verzicht auf Zucker, Weizen oder sonst etwas sein. Sondern etwas Kleines und Feines, was einen selbst zum Glitzern bringt.

Während in meinem alten Leben im Marketing stets galt, dass das Äußere zählt, und mich diese Oberflächlichkeit immer mehr langweilte, spüre ich nun jeden Tag, wenn ich meine Bienen erlebe oder unseren Honig koste, dass ich an etwas Echtem arbeite. Ich folge heute meiner Leidenschaft, führe ein selbstbestimmtes Leben und gestalte meine Arbeit nach meinen eigenen Regeln.

Mit einer guten Mischung aus Glück und Leidenschaft hat sich meine Entscheidung für ein völlig anderes Leben mehr als gelohnt und mich mit einer abwechslungsreichen Arbeit belohnt, bei der ich wieder den Rhythmus der Natur spüre und mich auf jeden Tag freuen kann.

Und wenn der ganze Familientrubel einmal überhandnimmt, dann finde ich meinen Rückzug und meine totale Entspannung in der faszinierenden Welt der Bienen und einer Natur im völligen Gleichgewicht. Ganz ohne Chai Latte oder den Trubel von Berlin-Mitte. Und dieses Grundgefühl wird bleiben, unerheblich, wo genau wir und meine Bienen zukünftig unseren Platz finden werden. Ich schlendere einfach auf die Streuobstwiese zu meinen Bienenvölkern, nehme das taufrische Gras wahr, das meine Knöchel streift, spüre, wie die Sonne meine Nasenspitze kitzelt, und atme diesen wunderbaren, unvergleichlichen Geruch von Abenteuer und Freiheit ein.

GLOSSAR

Ableger:
Es gibt zahlreiche Möglichkeiten, einen Ableger zu bilden, eines bleibt jedoch immer gleich: Aus einem Volk entstehen zwei.

Arbeitsbiene:
Die weibliche Biene mit reduzierten Geschlechtsorganen. Je nach Lebensalter ist die Arbeiterin für alle Aufgaben im Bienenstock verantwortlich, die zur Erhaltung, Vermehrung, Pflege und Versorgung und zum Ausbau erforderlich sind.

Drohne:
Die männliche Biene. Drohnen kommen fast nur im Frühling und Sommer vor. Drohnen haben keinen Stachel.

Ei:
Eizelle der Biene, auch Stift genannt, leicht gekrümmt und stiftförmig.

Königin:
Einziges fruchtbares Weibchen im Bienenstaat. Die Königin kann bis zu fünf Jahre alt werden und sorgt für die gesamte Population im Bienenvolk.

Larve:
Auch Made genannt. Zweites Entwicklungsstadium der späteren Biene (Ei, Larve, Puppe, Insekt).

Nachschaffungszelle:
Vom Bienenvolk angelegte, vergrößerte Brutzelle, zur Nachschaffung einer neuen Königin, wenn die Legeleistung der alten Königin nachlässt oder keine mehr im Volk ist.

Nektar:
Zuckerhaltige Flüssigkeit aus besonderen Drüsen der Blüte.

Neonicotinoide:
Hochwirksame Insektizide, welche die Reizweiterleitung der Nerven blockieren und zum Tod oder zu Störungen der Kommunikation und Orientierung der Biene führen.

Pollenhöschen:
Diese Höschen können die Bienen bilden, weil sie an den Hinterbeinchen kleine Vertiefungen haben. Dienen dem Transport von Pollen in den Bienenstock.

Propolis:
Kittharz, das verwendet wird, um Ritzen und Spalten auszufüllen oder Unebenheiten zu glätten. Es hat eine stark antibakterielle, antivirale und antimykotische Wirkung.

Puppe:
Ruhestadium in der Bienenentwicklung.

Räuberei:
Phänomen, das insbesondere in trachtarmen Zeiten auftritt. Schwächere Völker werden von stärkeren mit der Absicht überfallen, deren Honigvorräte zu rauben.

Stilles Umweiseln:
Die alte Königin wird kampflos durch eine junge Königin ersetzt. Eine natürliche Form der Königinnenerneuerung.

Stockmeißel:
Handliches Flacheisen. Das Allround-Werkzeug des Imkers.

Tracht:
Oberbegriff für das Angebot an Nektar oder Pollen in der jeweiligen Jahreszeit, z. B. Obstblütentracht und Rapstracht.

Varroamilbe:
Gefährlicher Parasit mit exponentieller Vermehrungsrate.

Weisellosigkeit:
Bienenvolk ohne Königin. Merkmale: keine Eier oder nur Drohnenbrut auf den Brutwaben und allgemeine Unruhe. Das Volk muss neu beweiselt werden, um nicht zu sterben.

Weiselzelle:
Zelle, in der eine Königin heranwächst.

Zarge:
Beutenteil. Stapelbarer Kasten, in dem die Rähmchen aufgereiht sind.

AUSGEWÄHLTE LITERATUR

Arnhart, Ludwig: *Anatomie und Physiologie der Honigbiene.* Moritz Perles, 1906, Wien.

Böll, Heinrich/Bravo, Èmile: *Der kluge Fischer.* Hanser, 2017, München.

Busch, Wilhelm: *Umsäuselt von sumsenden Bienen.* Wallstein, 2016, Göttingen.

Dekeyser, Bobby/Krücken, Stefan: *Unverkäuflich! Schulabbrecher, Fußballprofi, Weltunternehmer – die völlig verrückte Geschichte von Bobby Dekeyser.* Ankerherz, 2012, Hollenstedt.

Friedmann, Günter: *Bienengemäß imkern.* BLV, 2017, München.

Goulson, Dave: *Die seltensten Bienen der Welt.* Hanser, 2017, München.

Goulson, Dave: *Und sie fliegt doch.* Hanser, 2014, München.

Liebig, Gerhard: *Einfach imkern. Leitfaden zum Bienenhalten.* 2011, Aichtal.

Lindgren, Astrid/Forslund, Kristina: *Meine Kuh will auch Spaß haben. Ein Plädoyer gegen Massentierhaltung.* Oetinger, 2018, Hamburg.

May, Meredith: *The Honey Bus.* Park Row Books, 2019, Toronto.

Menzel, Randolf/Eckholdt, Matthias: *Die Intelligenz der Bienen.* Knaus, 2016, München.

Seeley, Thomas D.: *Bienendemokratie.* Fischer, 2014, Frankfurt am Main.

Streit, Jakob: *Das Bienenbuch.* Verlag Freies Geistesleben, 1984, Stuttgart.

Tautz, Jürgen: *Phänomen Honigbiene.* Spektrum Akademischer Verlag, 2007, München.

Weiterführende Studien und Artikel rund um die Bienen

Giurfa, M./J. A. Nunez: *Honeybees mark with scent and reject recently visited flowers.* In: *Oecologia.* 89: 113–117. 1992.

Haffner, P.: *Eine Ahnung von Apokalypse.* In: *NZZ Folio.* 01.07.2009.

Hallmann, CA, M. Sorg, E. Jongejans et al.: *More than 75 percent decline over 27 years in total flying insect biomass in protected areas.* In: *PLoS One.* 12(10). 2017.

Jambeck, J. R., R. Geyer, C. Wilcox et al.: *Marine pollution. Plastic waste inputs from land into the ocean.* In: *Science.* 347(6223): 768–771. 2015.

Jarvis, B.: *The Insect Apocalypse Is Here*, in: *New York Times.* 27.11.2018.

Krause, S., M. Molari, E. V. Gorb et al.: *Persistence of plastic debris and its colonization by bacterial communities after two decades on the abyssal seafloor.* In: *Scientific Reports,* 2020.

Ramsey, S. D., R. Ochoa, G. Bauchan et al.: *Varroa destructor feeds primarily on honey bee fat body tissue and not hemolymph.* In: *Proceedings of the National Academy of Sciences.* 116(5): S. 1792–1801. 2019.

Sánchez-Bayo, F./Wyckhuys, K. A. G.: *Worldwide decline of the entomofauna: A review of its drivers.* In: *Biological Conservation.* 232: 8–27. 2019.

Statistisches Bundesamt: *Konsumausgaben privater Haushalte: Nahrungsmittel.* Erhebung, 2018.

vk: *Ein ökologisches Armageddon.* In: *Zeit Online.* 18.10.2017.

CD

Tautz, Jürgen: *Der Bien, Superorganismus Honigbiene.* Supposé, 2007, Wyk auf Föhr.

Film

Imhoof, Markus: *More than Honey.* Dokumentarfilm. 2012.

DANK

Ohne meine Familie wären der Goldglitzer und das Summen nicht in mein Leben getreten. Ihr habt mich so sehr darin bestärkt, dass mein Weg der richtige ist. Vielleicht würde ich sonst immer noch an meinem Berliner Schreibtisch sitzen, Marketingpläne schreiben und im Frühjahr Marktbeschicker*innen in den Wahnsinn treiben. Stattdessen habe ich nun die unendlich scheinenden Wartestunden als Mama in der Ballettschule, beim Schwimmunterricht und am Fußballfeldrand genutzt und Stück für Stück dieses Buch geschrieben. Danke für dieses perfekte Teamwork!

Meinem Mann Klaas Eden möchte ich für die vielen großen und kleinen klugen Hinweise bei der Entstehung des Buches danken. Vor allem aber für deine bedingungslose Unterstützung, all die Liebe und die Bereitschaft, im Zweifel auch den unbequemeren Weg einzuschlagen und sich gemeinsam auf jedes Abenteuer einzulassen. Für deinen unerschütterlichen Glauben an mich, gerade dann, wenn ich ihn selbst verliere. Das Leben ist so schön mit dir, Honey.

Meine drei Honigschnuten Merle, Neele und Tjard umarme ich innig. Ohne euch wäre alles langweilig und fad. Ihr zeigt mir jeden Tag aufs Neue, wie wunderbar die Welt ist, und ihr seid der Grund, dass ich stets mit einem Lächeln aufwache! Und Danke schön dafür, dass ihr jeden Bienenpiks ertragen und lange Nachmittage auf der Apfelwiese für mich noch schöner gemacht habt. Dafür gibt es ein paar Honigbrote extra. Versprochen.

Mein Hafen liegt im tiefsten Ostwestfalen. Ich bin durch den sicheren Anker einer wunderbaren Kindheit geerdet, und er ist die Basis, dass ich glücklich, offen und klar durch mein Leben gehen kann. Kein Tag vergeht, in dem ich nicht in tiefer Dankbarkeit an meine Heimat, mein Elternhaus und mein behütetes Aufwachsen dort denke und getragen werde. Egal unter welchem Wind ich gerade segele, meine Koordinaten sind unverrückbar. Dieses Vertrauen in das Leben verdanke ich insbesondere meiner Mutter, deren große Liebe und beständiges Vertrauen in mich ich noch mehr schätzen kann, seit ich selbst Mutter bin. Und Mama: Dein liebevoller, leiser Blick auf die feinen Kleinigkeiten des Lebens ist mein Ansporn. Jeden Tag.

Danke, Eva und Udo. Dafür, dass ihr mir mit viel Geduld und Liebe die fantastische Welt der Bienen nahegebracht habt. Ohne euch wäre das alles nicht möglich gewesen. Und Udo: Danke, dass ich unsere Erfahrungen in diesem Buch teilen durfte. Ich genieße jede Stunde mit dir am Bienenstand von ganzem Herzen, und wenn ich bei einer guten Fee einen Wunsch frei hätte, dann den, dass ich auch weiterhin so viele Fragen finde, um immer einen Anlass zu haben, mit dir über die Bienen und das Leben zu reden.

Meinem Agenten Kai Gathemann danke ich für die Passion, den perfekten Platz für mein Buch zu finden und jeden Weg mitzugehen. Ein großer Dank auch an Katharina Theml für die inspirierende Zusammenarbeit. Jeder deiner Kommentare hat in beeindruckender Weise Verbesserungen messerscharf auf den Punkt und mich oft zum Schmunzeln gebracht.

Und nicht zu vergessen vielen Dank an Sie, liebe*r Leser*in, dafür, dass Sie dieses Buch gekauft und bis hierhin gelesen haben. Ein Buch über die Suche nach einem sinnvollen Neubeginn macht nur Sinn, wenn es inspirierend für die eigenen Pläne ist. Ich hoffe, dass meine Begeisterung für die Bienen und meine Geschichte Sie beflügeln, und ich würde mich sehr freuen, wenn Sie mir von Ihrem Neubeginn berichten oder sich auf meinem Blog *www.edenlicious.de/honey-blog* für das honigsüße Küchenglück begeistern lassen!

Eden Books
Ein Verlag der Edel Verlagsgruppe
Copyright © 2022 Edel Verlagsgruppe GmbH, Neumühlen 17, 22763 Hamburg
www.edenbooks.de | www.edel.com
1. Auflage 2022

Einige der Personen im Text sind aus Gründen des Persönlichkeitsschutzes
anonymisiert.

Dieses Werk wurde vermittelt durch die Literaturagentur Kai Gathemann GbR.
Lektorat: Katharina Theml
Korrektorat: Rotkel. Die Textwerkstatt
Umschlaggestaltung: FAVORITBUERO, München
Bildnachweis Innenteil: Foto mit Jürgen Vogel © Wolfang List, Stuttgart;
alle weiteren Fotos © Edenlicious – Stephanie und Klaas Eden
Layout und Satz: Datagrafix GSP GmbH, Berlin | www.datagrafix.com
Druck und Bindung: GGP Media GmbH, Pößneck
ISBN 978-3-95910-356-5

Alle Rechte vorbehalten. All rights reserved. Das Werk darf – auch teilweise –
nur mit Genehmigung des Verlages wiedergegeben werden.

Printed in Germany

Eden Books unterstützt bei der Produktion dieses Buches das Projekt »Junge
Riesen für die nächsten 100 Jahre«. Damit wird ein Anteil der unvermeidbaren
CO_2-Emissionen im direkten Umfeld des Produktionsstandortes kompensiert.